站在巨人的肩上
Standing on Shoulders of Giants

iTuring.cn

站在巨人的肩上
Standing on Shoulders of Giants
TURING
图灵教育
iTuring.cn

TURING 图灵程序设计丛书

速度与激情

以网站性能提升用户体验

Designing for Performance

[美] Lara Callender Hogan 著

赵望野 刘帅 译

Beijing • Cambridge • Farnham • Köln • Sebastopol • Tokyo

O'Reilly Media, Inc.授权人民邮电出版社出版

人民邮电出版社

北 京

图书在版编目（CIP）数据

速度与激情 : 以网站性能提升用户体验 / (美) 拉腊·卡兰德·霍根 (Lara Callender Hogan) 著 ; 赵望野 刘帅 译. -- 北京 : 人民邮电出版社, 2016.9
(图灵程序设计丛书)
ISBN 978-7-115-43413-5

Ⅰ. ①速… Ⅱ. ①拉… ②赵… Ⅲ. ①网页制作工具－程序设计 Ⅳ. ①TP393.092.2

中国版本图书馆CIP数据核字(2016)第199205号

内容提要

本书探讨如何提升网站性能，分8章详细介绍性能提升所需的工具、软件、方法，主要内容包括：页面加载速度的基础知识，图片的格式和优化方法，HTML标记和样式的优化，如何用好响应式Web设计，网站性能的评估方法，以及如何打造组织的性能文化。

本书适合前端设计和开发人员阅读参考。

◆ 著　　　　[美] Lara Callender Hogan
　译　　　　赵望野　刘　帅
　责任编辑　岳新欣
　责任印制　彭志环

◆ 人民邮电出版社出版发行　　北京市丰台区成寿寺路11号
　邮编　100164　　电子邮件　315@ptpress.com.cn
　网址　http://www.ptpress.com.cn
　北京瑞禾彩色印刷有限公司印刷

◆ 开本：880×1230　1/32
　印张：5
　字数：154千字　　　　2016年9月第1版
　印数：1－4 000册　　　2016年9月北京第1次印刷

著作权合同登记号　图字：01-2015-4667号

定价：49.00元

读者服务热线：(010)51095186转600　印装质量热线：(010)81055316

反盗版热线：(010)81055315

广告经营许可证：京东工商广字第8052号

版权声明

O’Reilly Media, Inc.介绍

O’Reilly Media 通过图书、杂志、在线服务、调查研究和会议等方式传播创新知识。自 1978 年开始，O’Reilly 一直都是前沿发展的见证者和推动者。超级极客们正在开创着未来，而我们关注真正重要的技术趋势——通过放大那些“细微的信号”来刺激社会对新科技的应用。作为技术社区中活跃的参与者，O’Reilly 的发展充满了对创新的倡导、创造和发扬光大。

O’Reilly 为软件开发人员带来革命性的“动物书”；创建第一个商业网站（GNN）；组织了影响深远的开放源代码峰会，以至于开源软件运动以此命名；创立了 Make 杂志，从而成为 DIY 革命的主要先锋；公司一如既往地通过多种形式缔结信息与人的纽带。O’Reilly 的会议和峰会聚集了众多超级极客和高瞻远瞩的商业领袖，共同描绘出开创新产业的革命性思想。作为技术人士获取信息的选择，O’Reilly 现在还将先锋专家的知识传递给普通的计算机用户。无论是通过书籍出版、在线服务或者面授课程，每一项 O’Reilly 的产品都反映了公司不可动摇的理念——信息是激发创新的力量。

业界评论

“O’Reilly Radar 博客有口皆碑。”

——Wired

“O’Reilly 凭借一系列（真希望当初我也想到了）非凡想法建立了数百万美元的业务。”

——Business 2.0

“O’Reilly Conference 是聚集关键思想领袖的绝对典范。”

——CRN

“一本 O’Reilly 的书就代表一个有用、有前途、需要学习的主题。”

——Irish Times

“Tim 是位特立独行的商人，他不光放眼于最长远、最广阔的视野并且切实地按照 Yogi Berra 的建议去做了：‘如果你在路上遇到岔路口，走小路（岔路）。’回顾过去，Tim 似乎每一次都选择了小路，而且有几次都是一闪即逝的机会，尽管大路也不错。”

——Linux Journal

本书赞誉

“这本书适合所有想要让网站变得更快的设计师和开发人员阅读。Lara 不仅认真、清晰地解释了如何创建高性能的网站，同时也阐述了如何引起整个组织对性能的重视，确保在网站发布后性能仍是重中之重。”

——Tim Kadlec，独立开发者，咨询师

“网站性能所激发的用户情感并不亚于网站外观所激发的用户情感。Lara 的这本书非常重要，因为它帮助我们意识到性能不仅仅是技术上的最佳实践，而且是一个基本的设计考量。Lara 在书中提供了大量有用的建议和最佳实践，为任何想将性能纳入公司文化的人提供了指导。”

——Brad Frost，Web 设计师

“速度是设计中不可或缺的一部分。一个需要很长时间来加载的漂亮网站或应用，会无人问津。这本书为设计师提供了打造高性能网站所需的知识。”

——Jason Grigsby，Cloud Four 联合创始人

“设计是性能策略的基础。它定义了用户体验和期望，决定了开发过程，并直接影响运维。设计师和开发人员都应该读读这本书。”

——Ilya Grigorik，谷歌 Web 性能工程师

“如果你想知道审美选择如何影响网站性能，或者蜂窝网络如何影响网站的用户体验，那么请读读这本书吧。这本书提供了提升和度量网站性能所需的工具，包括增强整个公司的性能意识的具有可行性的策略。高性能的网站就是设计良好的网站。”

——Jason Huff，Etsy 产品设计经理

谨以此书献给我的父母。

即使一个梦想落空并摔成了碎片，也不要害怕，你完全可以捡起其中一个碎片重新来过。每个碎片都可以成为一个值得相信的新梦想，让你为之拼搏。这就是生活触动你并赐予你力量的方式。

——Flavia Weedn

目录

Steve Souders序

性能最佳实践下一个重要的里程碑，就是在设计社区中进行布道。

开始总结性能最佳实践时，我把重点放在了不会影响页面内容量的优化上。我想避免“性能与设计”之间的争论。（我知道设计师们会赢！）即使在这样的约束条件下，还是有很多可以显著提高性能的优化点：压缩、CDN、缓存头、无损图像优化和域名分片等。

但那是2004年的事情了。如今，这些显而易见的优化已经很普遍了。但是网站体积和复杂性的增长速度非常快，使得提供快速、愉快的用户体验变成了一件更有挑战性的事情。如今想要让网站速度更快，需要考虑更丰富、更加动态多变以及便携的网络内容对性能的影响。幸运的是，开发者和设计者有相同的动力去提供最佳用户体验。这一动力就是Lara的这本书，它将为大家展示丰富的内容。

毫无疑问，网站的美感对提供具有吸引力的用户体验至关重要。如今，经过10年的最佳实践收集，对成功案例的分析，以及宣扬传输速度的重要性之后，网络性能也被视为用户体验的重要因素之一。现在是时候把设计和性能放在一起考虑了——不是争论谁更重要，而是通过合作创造*美丽的*用户体验。

我特意使用了*美丽的*这个词。对于网站的设计，人们通常用*美丽的*、*耳目一新*、*引人入胜*和*令人兴奋*这样的词语来描述它的美学特性。这些描述同样也适用于速度很快的网站所提供的体验。在忍受过*迟缓*和*令人无奈*的网站后，用户发现优化过的网站同样可以提供美丽的体验。

感谢本书，让设计者和开发者有了合作的框架。Lara 列出了需要回答的问题，以及解决这些问题的方法。她提供了诸多例子，展示了团队所面临的实际问题，以及成功的团队是如何解决它们的。最重要的是，Lara 迫使我们在设计和开发的早期阶段就开始讨论这些问题，这样随着代码和模型的发展，就有充足的时间来发现并解决性能方面的挑战，从而为用户创造绝佳的体验。

Steve Souders，Fastly 公司首席性能官
《高性能网站建设指南》和《高性能网站建设进阶指南》的作者

Randy J. Hunt序

设计师们常常感到悲哀，因为设计经常被当作“蛋糕上的糖霜”，只是让事物更好看、更吸引人的装饰。上糖霜是最后一个步骤，看起来也不是必需的步骤。

我们认为内容更重要，蛋糕内部才是滋味所在。蛋糕以糖霜下的材料命名（如胡萝卜蛋糕），而不是糖霜本身（如奶油乳酪蛋糕）。噢，内容！柔软、丰富、美味的内容。我们不再喜爱糖霜。我们，也就是设计师们，关注的是“更重要的事情”。

随着时间流逝，我们逐渐觉悟。我们同年轻时的自我争论。糖霜也是有价值的。噢，糖霜！它甚至能在人们品尝之前就告诉他们应该如何认知和感知这个蛋糕。它是蛋糕对外的主要接口。

又一段时间过去了，我们再一次醒悟。蛋糕和糖霜注定应该和谐地生活在一起。它们互为补充。糖霜将蛋糕的每一层连接在一起，而蛋糕的每一层则为糖霜的存在提供了基础、意义和空间。我们开始像关注蛋糕的内部一样关注糖霜。形式与内容，完美地结合在一起。

通常，我们止于此。哈！我们做到了——我们成了经验丰富、细致入微的设计师。

但是我们依然无法制作出美味的蛋糕。我们还没有注意到最重要、最容易被忽视的细节，那些看不见的细节。制作选用的是上乘的原材料吗？配比和时间控制同所在地的海拔、使用的锅具相匹配吗？什么时候应该混合哪些材料？我们能做些什么让蛋糕在运输的过程中不变形？

设计经验就是由大量这些表面上看不见的细节所组成的。我们通常都很愿意忽视这些细节，但若如此就永远无法烘焙出完美的蛋糕。这些细节决定了我们能否掌握设计这件事情本身。有时这些细节深深地隐藏在技术内部（比如图像压缩技术之间细微的差别），有时又在设计之外（比如浏览器如何渲染页面）。

初级设计师只注意表面。有经验的设计师会透过表象关注内在和目的。设计大师则充分理解表象与内在，并且追求掌控这种内在关联。

这本书可以帮助你理解并控制那些之前容易忽视但可以改善设计工作的属性。它很美味。别吃得太快，但请继续更加快速地设计吧！

Randy J. Hunt，Etsy 公司创意总监

Product Design for the Web 的作者

前言

如果你在针对网站的外观和感觉做决策，那么你的决策会直接影响网站的性能，即使你的职位名称并不包含设计师这样的字眼。性能可以并且也应该是所有部门和人员的职责，因为组织中的每个人都会影响性能。无论是说服高层管理者应该将性能作为工作重点，还是在日常工作中权衡网站的视觉美感和页面速度，抑或是培训和培养组织内其他的设计师和开发者，你都有一整套可用的工具和技术来帮助你提升网站速度。

设计师是一个很特殊的角色，他们会影响总的页面加载时间和感知性能。设计过程中做出的决策会对网站的性能产生巨大影响。我认为，对于设计师来说，了解关于页面速度的基础知识以及优化页面标记和图片的各种方法是非常重要的。此外，设计师必须平衡好页面美感和页面速度以提升终端用户体验，同时任何对网站进行改动的人都应能够度量这些改动对业务指标的影响。

过去几年，我做过很多有关前端性能的演讲，也举办过研讨会。在和听众的谈话中我意识到，性能这个主题的核心是组织文化的改变。没有人愿意做性能“卫士”或者“看门人”，这样的角色并不能成功地影响网站长期的性能改进，因为有很多其他人负责网站的用户体验。尽管本书大部分章节的关注点都是性能改进的技术和方法，但最后一章则专门讨论性能是一个无法通过技术解决的文化问题。改变组织文化也许是提升网站性能中最难的一部分。

由于我是 Etsy 公司的工程经理，本书会经常提到 Etsy 及其工程团队的实验。我当前管理着性能工程团队，之前管理过移动 Web 工程团队。在整个职业生涯中（包括在 Etsy），我同很多出色的设计师密切合作过，能专门为他们写这样一本书我非常高兴。

本书结构

本书介绍了各种在线工具和软件，它们能帮助你提升网站性能。在介绍图片生成的章节中，我们在例子中使用 Photoshop 而不是其他图片编辑软件。

第 1 章讨论了页面加载时间对网站、品牌和整体用户体验的影响。页面加载时间是构成用户体验的诸多因素之一，而且研究表明，性能低下会对网站的用户参与度产生负面影响。随着越来越多的人使用移动设备接入互联网，性能的优先级也会提升，因为移动网络和硬件会对页面加载时间产生负面影响。设计师是一个很特殊的角色，他们能提升页面加载速度，进而提升用户体验。

第 2 章介绍了页面加载时间的基础知识。对浏览器如何获取和渲染网站内容有基本的了解，这一点非常重要，因为这些是你用来改进网站性能的主要工具。这一章还介绍了感知性能及其与总的页面加载时间的区别；用户使用网站的体验，及用网站完成一个任务的感知速度，是重要的度量指标。

第 3 章介绍了如今 Web 上使用的每一种主要的图片格式。这一章涵盖了使用和优化每一种文件类型的最佳实践。此外，还介绍了如何优化将图片加载进网页的方式，比如使用精灵图，或用 CSS 或 SVG 替换图片。最后，讨论了如何延长经过优化的图片解决方案的使用寿命，包括创建样式指南和自动化图片压缩工作流程。

第 4 章探讨了如何优化网站中的 HTML 标记和样式。简化 HTML 和 CSS 都非常重要，其次要优化网站中使用的网络字体。努力创建整洁、可复用的标记，同时记录任何设计模式，这会节省开发时间和未来的页面加载时间，因为网站经过了编辑和优化。这一章还强调了加载顺序、压缩和缓存网站文本资源的重要性。

响应式 Web 设计被认为“对性能不利”，但事实并不一定如此。第 5 章分析了在各种尺寸的屏幕上谨慎为用户加载内容的重要性，包括图片和字体。还讨论了如何进行响应式 Web 设计：创建性能目标，在设计中采用移动优先原则，度量不同屏幕尺寸上的响应式设计的性能。

为了了解网站用户体验的现状及其随时间的变化，有必要对主要性能指标做例行检查。第 6 章详细介绍了各种浏览器插件、综合测试和真实用户监控工具，以及它们为何有助于度量网站性能。在网站演进的过程中，不断地使用这些工具来度量性能的变化并记录这些变化发生的原因，这有助于你和其他人了解是什么影响了网站的性能。

第 7 章探讨了在权衡美感和性能时会遇到的挑战。在作出这些艰难的决策时，要考虑运作成本，度量用户行为，以及提出很多开放式问题。然而，只要具备了性能相关的知识和合理的工作流程，并运行了试验，你就可以做出有利于整体用户体验的设计和开发决策。

创建和维护一流网站性能的最大障碍是组织文化。对于各种类型和规模的组织来说，培训、激励以及放权给设计师、开发者和管理人员都是一项挑战。 第 8 章分析了如何打造组织的性能文化，以及如何培养性能捍卫者。

Safari® Books Online

Safari Books Online（http://www.safaribooksonline.com）是应运而生的数字图书馆。它同时以图书和视频的形式出版世界顶级技术和商务作家的专业作品。技术专家、软件开发人员、Web 设计师、商务人士和创意专家等，在开展调研、解决问题、学习和认证培训时，都将 Safari Books Online 视作获取资料的首选渠道。

对于组织团体、政府机构和个人，Safari Books Online 提供各种产品组合和灵活的定价策略。用户可通过一个功能完备的数据库检索系统访问 O'Reilly Media、Prentice Hall Professional、Addison-Wesley Professional、Microsoft Press、Sams、Que、Peachpit Press、Focal Press、Cisco Press、John Wiley & Sons、Syngress、Morgan Kaufmann、IBM Redbooks、Packt、Adobe Press、

FT Press、Apress、Manning、New Riders、McGraw-Hill、Jones & Bartlett、Course Technology 以及其他几十家出版社的上千种图书、培训视频和正式出版之前的书稿。要了解 Safari Books Online 的更多信息，我们网上见。

联系我们

请把对本书的评价和问题发给出版社。

美国：

O'Reilly Media, Inc.
1005 Gravenstein Highway North
Sebastopol, CA 95472

中国：

北京市西城区西直门南大街 2 号成铭大厦 C 座 807 室（100035）
奥莱利技术咨询（北京）有限公司

O'Reilly 的每一本书都有专属网页，你可以在那儿找到本书的相关信息，包括勘误表、示例代码以及其他信息。本书的网站地址是：

http://shop.oreilly.com/product/0636920033578.do

对于本书的评论和技术性问题，请发送电子邮件到：

bookquestions@oreilly.com

要了解更多 O'Reilly 图书、培训课程、会议和新闻的信息，请访问以下网站：

http://www.oreilly.com

我们在 Facebook 的地址如下：

http://facebook.com/oreilly

请关注我们的 Twitter 动态：

http://twitter.com/oreillymedia

我们的 YouTube 视频地址如下：

http://www.youtube.com/oreillymedia

致谢

我要感谢 Etsy 的每个人，感谢他们对本书的支持，尤其是移动 Web 团队的队友（Jeremy、Amy、Chris 和 Mike）和性能团队的队友（Allison、Jonathan、Natalya、Dan、Seth、Daniel 和 John）。还要感谢 Courtney Nash，如果没有她的想法和鼓励，就不会有这本书。

十分感谢 O'Reilly 团队。感谢 Mary Treseler、Angela Rufino 和 Allyson MacDonald 所做的编辑工作，感谢 Betsy Waliszewski、Sonia Zapien、Sophia DeMartini 和 Audra Montenegro 所做的会议工作。因为你们，本书的出版过程是一次奇妙的感受。

在本书的整个写作过程中，以下审阅人做了非常重要的审阅工作：Jason Huff、Jonathan Klein、Brad Frost、Jason Grigsby、Christian Crumlish、Ilya Grigorik、Barbara Bermes、Guy Podjarny、Kim Bost 和 Andy Davies。感谢 Mat Marquis 的批注和耐心，以及贡献了有关响应式图片的知识。

感谢 Masha 的真诚、鼓励和建议。特别要感谢我的父母允许我攻读哲学学位，这为我提供了写作所需的工具。在我的整个职业生涯中，他们的支持都至关重要，作为他们的孩子我感到非常骄傲。最后，感谢第七大道的甜甜圈店，让我得以用甜甜圈来庆祝写作取得的进展。

电子书

扫描如下二维码，即可购买本书电子版。

第1章 性能即用户体验

想象一下你是如何在网络上搜索内容的。如果一个网站的加载时间过长，你一定很快关闭页面，然后点开搜索引擎中的下一个搜索结果。当你想要搜索当地的天气或新闻时，如果一个网站需要等待很久才能将相关信息显示在屏幕上，你还会再次访问这个网站吗？如果你在外出办事，掏出手机来想要查收电子邮件、对比商品价格或是查询导航，怎么可能会有耐心忍受长时间的加载呢？你的时间越紧迫，对网站快速加载的期望就会越高。

页面速度对于网站的重要性日益增加。如果你想为你的网站找一个页面加载速度的衡量标准，可以使用下面这个原则：用户期望页面能在 2 秒内加载完成，当时间超过 3 秒，多达 40% 的用户就会放弃使用这个网站（http://dwz.cn/28OYQf）。此外，85% 的移动用户希望网站的加载速度至少和桌面版一样快，甚至更快（http://dwz.cn/28OZca）。当你在设计或建设一个网站，或者考察一个已经存在的网站时，如何来满足这些用户期望呢？

Web 性能就是用户体验。当你在设计和开发一个新网站时，会综合考虑很多和用户体验相关的内容：页面布局、层级关系、直观性、易用性等。网站的用户体验决定了用户的品牌忠诚度、回访率以及是否会把你的网站分享给其他人。页面加载时间以及网站的体验速度是用户体验中非常重要的部分，应该和网站的视觉美观程度受到同等重视。

我们来看一些相关的研究和数据，它们说明了性能如何影响终端用户的体验。

1.1 对品牌的影响

整体的用户体验会影响用户对品牌的印象。Akamai 的报告指出，如果网络购物者在网购过程中经历了诸如页面卡顿、崩溃、加载时间过长或结账流程过于复杂等问题，75% 的用户不会从该网站购买东西（http://www.akamai.com/dl/reports/Site_Abandonment_Final_Report.pdf）。Gomez 研究了网络购物者的行为（http://www.mcrinc.com/Documents/Newsletters/201110_why_web_performance_matters.pdf）后发现，88% 的网络消费者在有了一次糟糕的体验后不太可能会再次访问该网站。同一项研究还发现，"在流量高峰时段，超过 75% 的网络消费者会转到竞争对手的网站，而不是会忍受当前网站的延迟"。在页面加载时间以及网站用户体验的其他竞争方面，你是否正在流失用户，将他们推向竞争对手那里？你确定你的网站比竞争对手的更快吗？

1.1.1 回访用户

Web 性能不只会影响电子商务网站，任何类型的网站都能从页面速度的优化中受益。用户会回访速度更快的网站，Google 的一项研究（http://googleresearch.blogspot.com/2009/06/speed-matters.html）为此提供了证据。该研究发现，如果网站的访问速度下降，用户用该网站进行搜索的行为也会减少。实验发现，速度下降 400 毫秒会使用户对该网站的搜索行为在前三周减少 0.44%，而在接下来的三周则会减少 0.76%。

研究还发现，在实验中即使网站延迟已经被移除并恢复到了之前的水平，用户的搜索使用水平也要过一段时间才能恢复。页面加载速度的影响甚至已经超越了最初的糟糕体验，用户会本能地记住之前访问这个网站时的感觉，并根据使用体验来决定重复使用这个网站的频率。

1.1.2 搜索引擎排名

页面加载速度也是搜索引擎排序的依据之一，速度快的网站在搜索结果列表中位置更靠前。Google 在它的搜索结果排序算法中考虑了网站的速度（http://dwz.cn/28PnVx）。尽管 Google 明确说明页面内容在搜索结果排序中的权重会更高，但是网站速度仍然影响着网站整体的用户体验。Google 希望返回给用户的搜索结果中的网站在整体上能够提供最佳的使用体验。

忽视网站的页面加载速度不仅仅是错过了一个机会，同时也不利于用户记住你的品牌。微软进行了一项研究（http://research.microsoft.com/pubs/79628/tois08.pdf）来考察用户对搜索结果的记忆情况。参与者在搜索框中输入一个自创的搜索关键字，半小时之后会通过邮件收到一份调查，要求他们在不重新搜索的前提下回忆刚才的搜索结果。研究结果显示，有两大因素影响搜索结果的记忆情况，其中之一是*在搜索结果列表中的位序*。提升页面加载速度能够提高网站的搜索结果排名，这对品牌来说是非常有帮助的。

品牌和数字产品设计师 Naomi Atkinson 精辟地阐述了设计机构如何通过强调性能的重要性来同客户谈判："很多设计机构会忽视一个重要的卖点。除了市场营销和视觉设计的计划外，强调计划（以及如何）将客户的网站或服务变得多么快，将会产生非常好的效果。无论是为自己还是为客户都将带来好处。"性能是整体用户体验的组成部分，能够对公司品牌产生重大影响。

1.2 对移动用户的影响

随着越来越多的用户开始使用移动设备，以及越来越多的工作通过在线的方式完成，网站整体用户体验的重要性也愈发凸显。StatCounter Global Stats 的一份数据（http://gs.statcounter.com/）显示，移动设备的流量在互联网总流量中的比例正在稳步递增（图 1-1）。

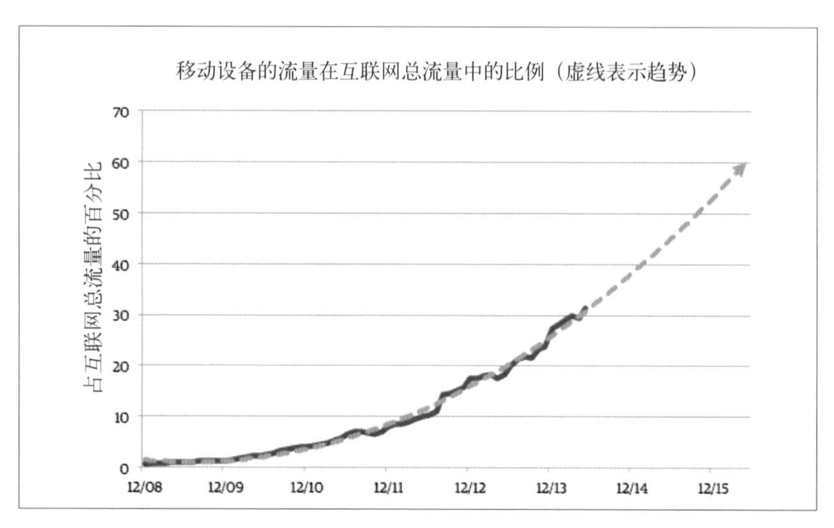

图 1-1：从 StatCounter Global Stats 的这份数据中可以发现，互联网流量中移动流量的比例正稳步上升。根据这个趋势，移动设备流量的增长在短期内并不会放缓

很多公司已经注意到移动设备流量的快速增长。Mary Meeker 的互联网趋势报告（http://slidesha.re/1ttKWvZ）显示，2013 年早期 Groupon 的交易有 45% 来自移动设备，而两年前还不足 15%。在 Etsy 公司（我负责性能工程团队），2014 年年初的流量有 50% 来自移动设备。

几乎所有网站的移动流量都在增长，这将会突出网络上页面加载时间的问题，特别是对手持设备用户来说。一项研究（http://slidesha.re/eW8wQ9）显示，对于全球大量的互联网用户来说，手持设备是主要的互联网接入方式。接近 50% 的非洲和亚洲互联网用户只使用移动设备，对比之下美国只有 25%。这项研究将那些从不或很少使用“桌面”互联网的用户归类为“只使用移动设备”（这项研究将平板电脑归类为“桌面”设备）。总而言之，大量用户主要使用手持设备来访问互联网，而在这些设备上都有其独特的一系列挑战。

1.2.1 移动网络

手持设备需要花费更多的时间来加载网页，其首要原因是移动网络中数据的传输特点。在移动设备接收或发送数据前，需要同网络建立一个无线传输通道（图 1-2）。在 3G 连接的情况下这可能需要花费数秒的时间。在设备同无线基站通信询问何时能传输数据后，网络运营商首先要将数据从无线基站传输到自己的内部网络，然后再传递到公网。这些步骤组合在一起很容易造成数十到数千毫秒的额外延迟。而且，当无线通道中没有数据传输时，超时会让通道进入空闲状态。这时需要重新建立通信通道来从头开始整个流程，对 Web 页面加载来说这就是一场噩梦。

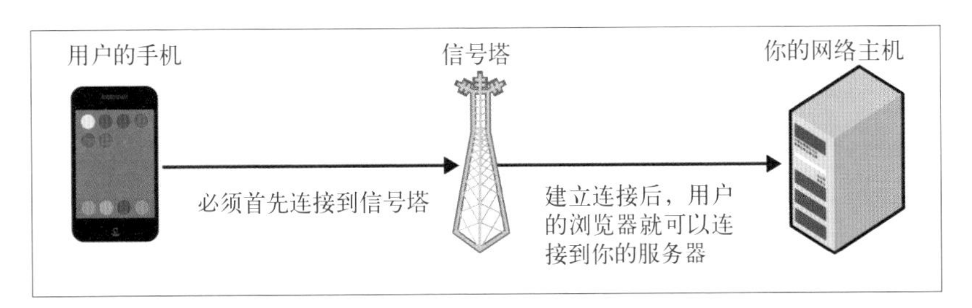

图 1-2：在移动设备取回加载网站所需的资源前，设备必须同网络建立无线通道。这个过程会消耗数秒的时间，严重拖慢页面加载速度

Ilya Grigorik 写道（http://dwz.cn/29zWGz）：“如今，延迟已成为网络浏览体验的制约因素，而不是带宽。”用户所体验到的延迟越久，用户的设备获取数据所需的时间就会越久，页面完全加载的耗时就会越长。我们在第 2 章中会更详细地介绍页面速度相关的基础内容。

延迟和带宽是什么？

延迟是指数据包从一个点传输到另一个点所消耗的时间。例如，服务器收到并处理请求有延迟，服务器将资源发送回去到浏览器接收之间也有延迟。延迟同基础的物理属性息息相关（比如光速）。通常用毫秒来衡量延迟（一毫秒是一秒的千分之一）。

带宽是通信通道的最大吞吐量，比如光线或者你的移动服务商能够同时传输多少数据。打个比方，一辆出租车和一辆大客车跑在同一条公路上，它们的延迟相同，但大客车的带宽更高。

尽管网络本身的确在缓慢地加速，但当前用户在移动设备上加载页面时可能正在忍受非常糟糕的体验。一个普通的美国用户的桌面电脑在连接 WiFi 时，请求来回的平均延迟只有 50 毫秒（http://slidesha.re/1ttLhPw）。这是浏览器发送请求到服务器再通过网络将响应发送回来所需要的时间。但是，在移动网络情况下，数据来回的时间需要 300 毫秒以上。用更直观的例子来比较这个差异：移动网络和老式的拨号连接一样慢。

将加载页面的每一个请求的来回所需的时间添加到起初与网络建立无线通道所使用的时间（大概 1000~2000 毫秒）中，你就会明白移动网络性能是如何直接对网站的用户体验产生影响的。而且，由于一些因素，比如用户正在参加一个大量人群聚集的活动或者正处在一个信号不好的区域，很难预测无线网络何时会断掉连接。

这意味着你真的需要在为移动设备优化网站设计时更加重视性能，因为页面加载时间对移动用户的体验以及他们是否会使用你的网站有很大影响。很多公司的研究都为此提供了证据。我在 Esty 的团队发现，在页面添加 160 KB 的隐藏图片，将会使移动端网页跳出率增加 12%。Google 的广告产品 DoubleClick 移除了客户端的一个重定向（http://dwz.cn/29zWaE），然后发现移动设备上的点击率提高了 12%。为移动用户进行性能优化的一大好处是，使用其他任何设备访问网站的用户也将同时从这些优化中受益。

1.2.2 移动行为模式

无论通过何种设备访问网站，用户体验都会被页面加载时间所影响。但是，如果用户使用的是移动设备，则缓慢的加载时间会导致更差的用户体验，因为除了网速慢，移动用户的使用习惯也不同。

Google 的一项研究（http://dwz.cn/29zXBa）发现，用户在以下情况下使用智能手机：

- 外出及家中
- 为了交流和通信
- 使用时间短
- 需要快速地获取信息时

类似地，平板电脑主要用来娱乐或浏览信息。而另一方面，桌面电脑主要用来进行更严肃或研究密集型的任务。根据这个研究的结果，通常情况下智能手机是下面这些在线行为的入口：

- 搜索特定信息
- 浏览
- 购物
- 网络社交

当设计网站时，需要考虑用户以有限的时间在设备上完成这些任务的便捷性，以及移动网络对此的影响程度。同时要记住，只使用移动设备的用户没有选择的余地，只能在手机上完成这些任务，同时无论使用什么设备，所有的用户都不喜欢浪费时间。设计应该直观且简单易用，而且无论在什么平台上，页面都要尽可能快地可以进行交互操作。

1.2.3 移动硬件

另外，即使是在手持设备上使用 WiFi，受天线长度和输出功率的影响，用户的速度体验也可能会很慢。WiFi 可以同时使用不止一根天线来发送和接收信号，但是大部分智能手机并不支持多信道技术。而且手持设备的 WiFi 天线长度也比笔记本和桌面电脑的要短很多。

同时手持设备试图让电池电量更高效（这是智能手机用户体验的重要部分），而省电的主要途径之一就是限制无线信号的发送。桌面电脑并不使用电池，因此使用 WiFi 时并不需要限制信号强度。最后，现在大部分智能手机只支持比较老且慢的 WiFi 标准，只有新式的手持设备才支持最新的 802.11ac 标准。

很多对页面加载时间的优化同时也会优化设备的电量消耗，从而对用户体验产生影响。在移动设备上，诸如 WiFi 信号强度、JavaScript 渲染和图片渲染等都会对电量消耗产生影响。在一项研究中（http://www2012.org/proceedings/proceedings/p41.pdf）研究者发现，如果 Amazon 将它全部的图片文件转成 92% 质量压缩的 JPEG 文件，在 Android 手机上加载首页将节省 20% 的电量，而同样的改动对 Facebook 来说则可以节省 30% 的电量。这个改进通过减少电量消耗提升了用户体验，而图像质量的损失几乎可以忽略不计。另一项研究（https://www.usenix.org/system/files/conference/

nsdi13/nsdi13-final177.pdf）发现，移动设备上的主要页面中，多达 35% 的加载时间花费在处理诸如 HTML 解析和 JavaScript 执行等任务上。

总而言之，优化网站的性能将会对整体的用户体验产生影响，包括电池续航能力。

1.3 设计师对性能的影响

从用户输入网址、点击按钮或是从下拉列表中选择一个条目到页面响应之间的延迟，会影响他们对网站的印象。100 毫秒以内的延迟用户几乎感觉不到，而 100~300 毫秒的延迟就会被明显地察觉到。300~1000 毫秒的延迟会让用户感觉到计算机正在工作，但如果延迟超过 1000 毫秒，用户的心智就会开始切换到其他事情上去了，俗称溜号。

这些数字很重要，因为整体来说我们所设计的网站正包含越来越丰富的内容：大量的动态元素、庞大的 JavaScript 文件、漂亮的动画、复杂的图形等。你可能会关注于优化设计和布局，但这些都是以页面速度为代价的。有些响应式设计的网站会非常不负责任地使用大量用来适配小屏幕所需的 HTML 标记和图片，无意之中强迫用户加载了非必要的资源。

设计师在实现响应式 Web 设计的同时，已经决定了在不同的屏幕尺寸中如何显示内容。这些决定会显著地影响页面加载时间，而响应式 Web 设计为在设计流程中考虑性能提供了一个非常好的契机。

回顾一下你近期的设计。你使用了多少不同的字号？用了多少图片？图片多大，采用的是什么图片格式？你的设计对 HTML 标记和 CSS 的结构有何影响？

设计师的决策通常决定了网站建设的其他方面。在设计初始阶段需要做出以下决策。

- *颜色和渐变*，影响图片格式的选择，是否需要透明度，需要创建多少 CSS 精灵图，以及需要使用多少 CSS3 属性。
- *布局*，影响 HTML 结构、类和 ID 名称、设计模式的复用能力以及 CSS 的组织形式。

- 字体，影响包含的字体文件的大小和数量。
- 设计模式，影响可以在整个网站中复用和缓存的内容，资源何时以及如何加载，以及未来设计师和开发者进行修改的难易程度。

这些决策通常在产品流程的初始阶段就确定下来了，因此对最终的页面加载时间有很大的影响。下面通过例子来说明。假设我们有一个标志，想要叠加在 div 上并有淡蓝色的背景，如图 1-3 所示。

logo.psd @ 100% (Color Fill 1, RGB/8) *
Designing for Performance
100%
Doc: 170.9K/227.9K

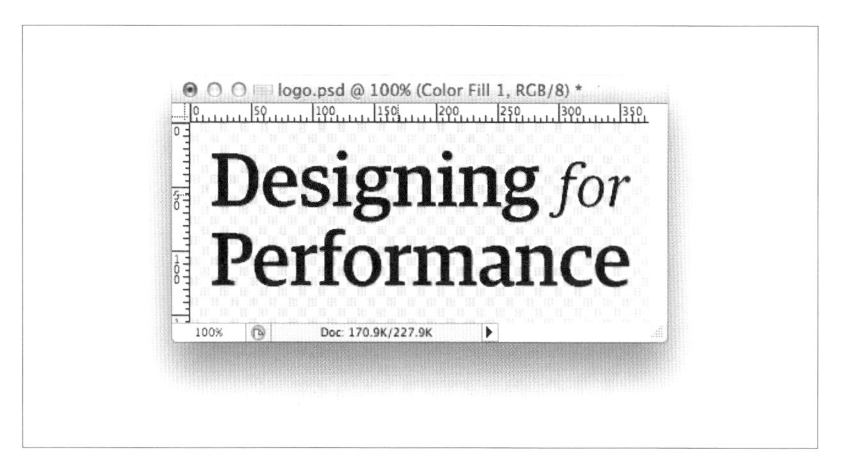

图 1-3：这个示例标志的背景是透明的，叠加在一个 div 上，背景为淡蓝色

透明和叠加的需求会影响图片文件的类型和大小。如果设计师在设计阶段考虑页面加载时间，会思考以下问题："如果我将图片输出为没有透明度的 JPEG 或 PNG-8 格式将会如何？如果我在 PNG-8 文件中使用亚光的淡蓝色将会如何？这对性能将有何影响？"我们可以测试一下，看看输出为 JPEG 和 PNG-8 版本的文件大小，如图 1-4 至图 1-7 所示。

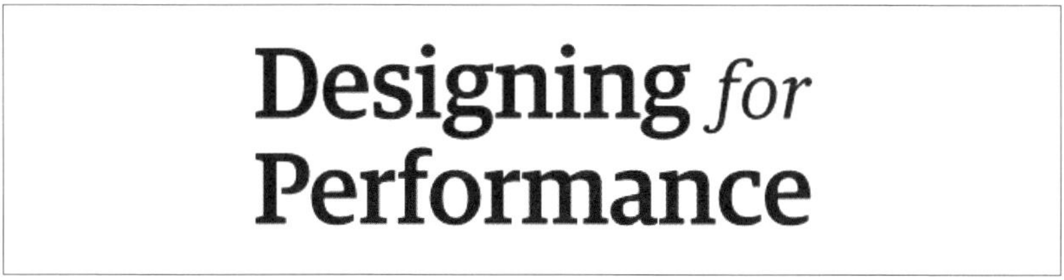

Designing for
Performance

图 1-4：原始的带有透明度的 PNG-24：7.6 KB

图 1-5：纯色背景的 PNG-8：5.0 KB

图 1-6：亚光的 PNG-8：2.7 KB

图 1-7：75% 质量、纯色背景的 JPEG：20.2 KB

在测试中我们发现，纯色背景和透明度会导致不同格式的文件大小不一。在第 3 章中我们将会介绍更多关于图片优化的内容，以及不同选择之间的优劣。

我们有一个良好的契机来尝试潜在的性能优势，度量不同的设计选择对性能的影响。在第 3 章中，我们将介绍如何选择和压缩各种图片格式，第 6 章中我们会介绍如何在时刻记住页面加载时间的前提下，在设计过程中进行性能的度量并迭代。

新设计和重新设计的网站，其性能都会被这些决策所影响。每一个已经存在的网站都可以进行优化并测试性能。曾经有一个网站，我通过清除非必需的 CSS、优化图片、颜色标准化和重新认真地组织网站模板中的资源，将加载时间减少到原来的一半。我通过着重减少冗余的 HTML 和 CSS 来减小 HTML、CSS 和图片文件的体积，而不是重新设计整个网站。

在第 4 章中你可以阅读到更多关于如何通过优化 HTML 和 CSS 来优化性能的内容。

即使你的工作职位并不包含设计师这个字眼，如果你负责网站的视觉和体验的决策工作，你的决策就会直接影响网站的性能。性能是大家共同的责任，团队中的每一个人都会影响性能。在做设计决策时考虑性能将对用户产生非常重要的影响。平衡视觉美感和性能在设计流程中应该是首要的任务，在第 7 章中会介绍相关内容。这同时也是组织内各部门进行合作的一个好机会，设计师和开发人员协同工作来创造非凡的用户体验。

在下一章中，我们将介绍页面加载速度的基础知识，包括浏览器如何获取并渲染内容。理解用户的浏览器如何同服务器上的文件通信，网站文件的大小如何影响页面加载时间，以及用户对网站性能的看法，将大大有助于你设计网站，并实现美观和性能的平衡。

第2章 页面速度初探

了解有关页面速度的基础知识对于网站设计是非常重要的，只有这样才能更好地理解需要优化什么。浏览器获取和显示内容的方式是非常稳定且可靠的，理解网页是如何渲染的将有助于你准确地判断设计决策会对网站的页面速度产生什么影响。我们的目标是优化：

- 页面中加载的资源数量（例如图片、字体、HTML 和 CSS）
- 这些资源的文件大小
- 用户对网站的感知性能

除了用户能够在浏览器中看见的渲染内容外，在后端也可以做进一步的优化，包括优化服务器在向客户端返回第一个字节之前所做的工作。还有很多因素会影响页面的加载速度，但这些因素并不在网站的前端，例如数据库请求，或者将模板编译成 HTML 等。然而正如 Steve Souders 所说："终端用户的响应时间中有 80% 到 90% 都耗费在了前端。"在这里我们关注网页在前端的加载时间，因为前端对用户体验的影响最大。

2.1 浏览器如何渲染内容

从用户在浏览器中输入你网站的 URL，到页面开始加载你的网站设计，这期间用户的浏览器会同你的服务器进行协商，以获得相互通信所需的全部数据。

首先，浏览器发出一个获取内容的请求。当浏览器首次向一个新的域名发送请求时，它首先要找到存放这个内容的服务器，这个过程叫作 DNS 查询（DNS lookup）。DNS 查询会找到你的网络主机在互联网中所处的位置，这样获取内容的请求才能一路畅通地抵达服务器。浏览器会“记住”这个地址一段时间（时间取决于服务器的 DNS 设置），这样就不需要每次请求时都花费宝贵的时间来进行查询。

当服务器和用户的浏览器建立连接并收到首个请求后，会对请求进行解码并定位浏览器所请求的内容，因为浏览器要渲染对应的页面。无论是图像、CSS、HTML 或者其他种类的资源，服务器都会将内容发送回去，然后浏览器会开始为用户下载并渲染页面。图 2-1 说明了这个通信的循环过程。

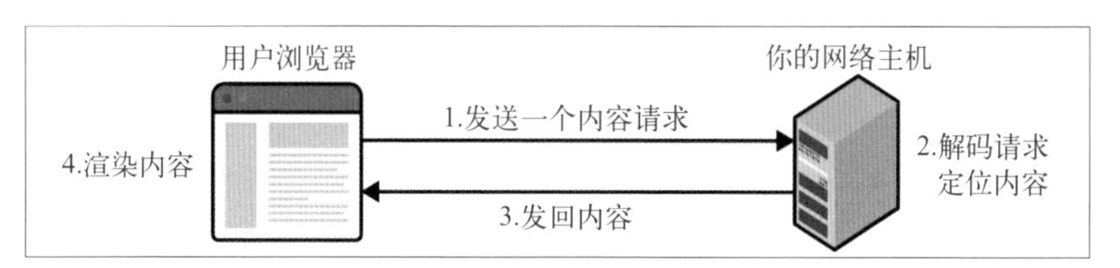

图 2-1：加载页面时用户浏览器和内容服务器之间的循环过程

我们会测量浏览器收到响应内容的第一个字节的时间，并将其称作首字节响应时间（Time To First Byte，TTFB）。这是一个用来衡量网站的后端处理并返回内容的速度的很好的指标。对于前端来说，即使浏览器已经开始接收从服务器返回的内容，它依然需要继续花费一定的时间来下载并在页面上渲染这些内容。浏览器可以很快地处理并渲染某些文件类型；还有些请求（比如阻塞式的 JavaScript）则需要被完整处理，之后用户的浏览器才能继续渲染其他内容。

这些内容请求的顺序和大小是不同的。浏览器会聪明地尝试向服务器并行发送这些请求，来减少渲染页面所需的时间。但我们依然可以做很多事情，来优化请求和获取内容的过程，让用户可以尽快和网站进行交互。

2.1.1 请求

优化用来创建页面的请求的大小和数量，将会对网站的加载速度产生巨大的影响。为了说明请求如何影响页面加载速度，我们来看一个用 WebPagetest（http://www.WebPagetest.org/）生成的瀑布图（第 6 章中会介绍如何使用 WebPagetest）。图 2-2 所示的瀑布图展示了请求一个页面的内容所消耗的时间，比如 CSS、图片和 HTML，以及在浏览器显示这些内容前所花费的下载时间。

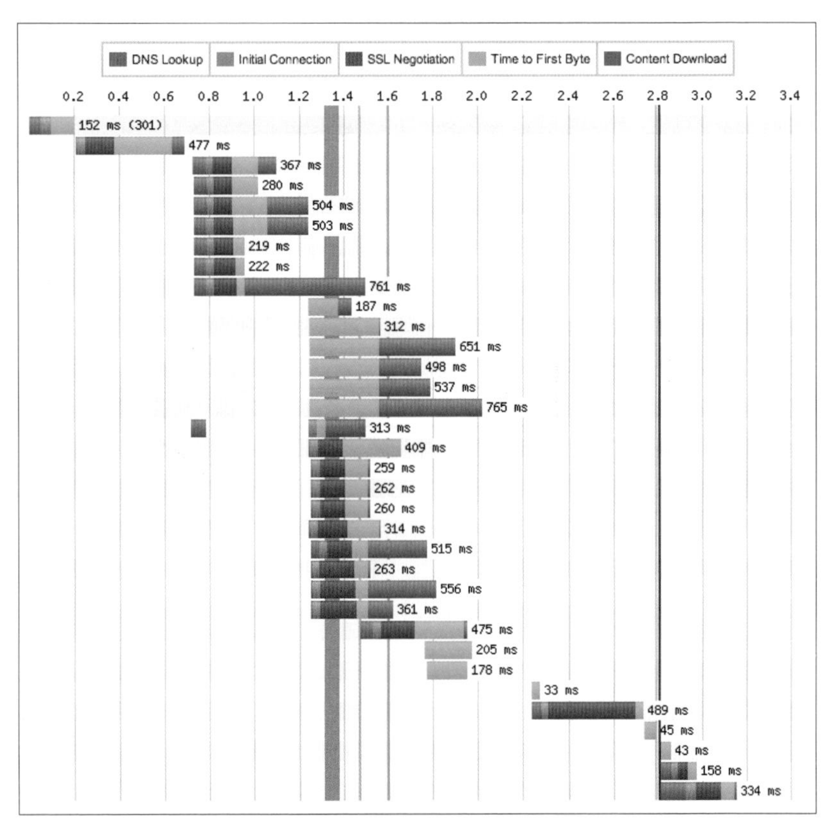

图 2-2：水平方向的每一条线代表一个独立的资源请求

瀑布图中水平方向的每一条线都代表一个独立的资源请求，比如一个 HTML 文件、一个样式表、一个脚本或一张图片。我们的第一个请求通常是 HTML 页面，其中包含 DNS 查询，因为浏览器需要找到 Web 中存放这些内容的位置。随后的每一个请求与文件所在的服务器之间将有一个初始连接时间，一段时间后用户的浏览器才会收到返回的第一个字节，另外还需要一定的时间来下载和显示内容。

自然，所请求的内容片段越大，下载的时间、浏览器处理的时间以及显示在页面上所需的时间就越长。同样，渲染页面所需的独立内容片段越多，页面完全加载所需的时间就越长。这就是我们需要同时优化网站加载所需的图片、CSS 和 JavaScript 文件的数量和大小的原因。

例如，当处理图片时，可以将独立的图片请求组织到一个单独的精灵图（也就是一个图片的集合）中，来减少浏览器需要发起的请求数量（我们会在 3.2.1 节中介绍这个技术）。我们还可以通过压缩工具对每一张图片进行处理以减小文件体积，同时不损害图片质量（在 3.1.4 节中阅读更多相关内容）。我们还会关注如何减少 CSS 和 JavaScript 文件的总数，以及如何以最合理的顺序来加载它们从而提升感知性能，4.5.1 节中会详细介绍。优化浏览器加载页面所需的请求的大小和数量可以提升网站的速度。

2.1.2 连接

加载页面所需的请求数量同浏览器为获取这些内容而建立的连接数量不同。WebPagetest 中的连接视图（图 2-3）展示了浏览器同服务器之间的每一条连接，以及通过这些连接所发送的请求。

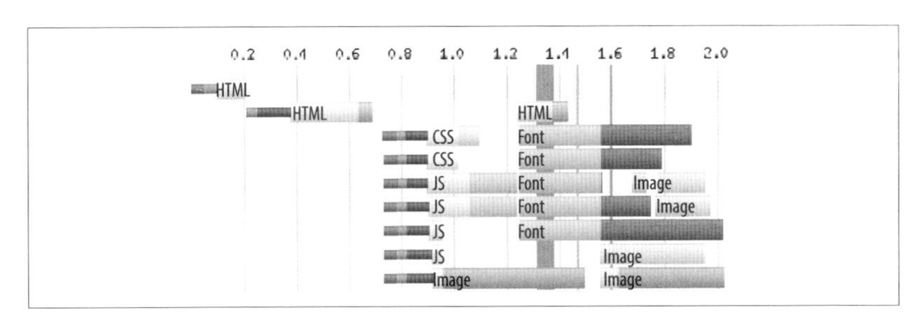

图 2-3：连接视图展示了浏览器同服务器之间的每一条连接，以及通过这些连接所发送的请求

对于每一个连接，都可以看到一次针对该域名的 DNS 查询（深绿色），与服务器的初始连接（橙色），以及在浏览器开始获取通过 HTTPS 传输的内容（粉红色）之前可能会进行的 SSL 协商。但浏览器非常聪明，在同服务器建立连接后会尝试对下载内容进行优化。

什么是 SSL 协商？

SSL 协商发生在浏览器为内容建立安全连接的阶段，SSL 也就是加密的 HTTPS 连接。用户的浏览器同服务器协商密钥和认证来在彼此间建立一条安全连接。由于 SSL 协商需要在浏览器和服务器之间交换数据，因此会额外增加页面的加载时间。

注意图中的每一行都会有几种不同类型的文件被下载。这就是持续连接（persistent connection），浏览器会保持连接的打开状态以便在其他请求中复用该连接。浏览器可以在取回 JavaScript 文件后利用这个已经建立的连接来获取一个字体文件、一个图片，直到不得不建立一条新的连接来获取更多的内容。

同时可以观察到浏览器（在这个例子中是 Chrome）在同一时间建立了多条连接，并行地获取内容。每个浏览器可建立的并发的持续连接的数量是有差异的。现代浏览器允许同时建立六条（Chrome、Firefox、Opera 12）或八条（Internet Explorer 10）并发连接。

了解加载页面所需的连接数量是非常重要的。如果你发现加载你的页面需要很多连接，说明你的网站内容被分散在过多的域名中，这样浏览器就无法对已经建立的连接进行优化。请求过多的第三方脚本可能会导致这个问题。

借助瀑布图可以通过测量页面整体的大小和感知性能来估算页面的综合加载性能。在第 6 章中会更详细地介绍 WebPagetest 的瀑布图，以及如何查找有问题的内容加载。

2.2　页面大小

加载页面所需的 HTML、图片和其他内容的文件大小会对页面加载的总时间产生影响。使用浏览器插件 YSlow 可以测量每种内容的文件大小。我们来简要介绍一下如何使用 YSlow。

在页面上运行 YSlow 后，切换到 Components 标签页（图 2-4）来查看这个页面中的内容列表，列表展示了内容的类型和大小。

↑ TYPE	SIZE (KB)	GZIP (KB)
⊟ doc (1)	3.4K	
doc	3.4K	1.5K
⊟ js (1)	40.1K	
js	40.1K	15.8K
⊟ css (1)	4.8K	
css	4.8K	1.5K
⊞ cssimage (1)	11.5K	
⊞ image (6)	722.6K	
⊞ favicon (1)	2.0K	

图 2-4：在 YSlow 中的 Components 标签页可以看到这个页面中的内容类型、内容大小的列表

在这个例子中，可以看到启用 gzip 减少了 HTML（表格中的 doc 一项）、JavaScript 和 CSS 文件的大小。如果你好奇 gzip 是如何工作的，我们会在 4.5.2 节中介绍。同时可以发现尽管加载页面只需要 6 个图片文件，但是它们的大小达到了 722.6 KB！这些图片非常大。“cssimage”这一行将所有通过 CSS 来请求并应用的图片同直接内嵌在 HTML 页面中的图片区分开来。

查看一下你自己的页面大小，然后同 http://httparchive.org/interesting.php 中的“页面平均字节”图表进行对比。你是否使用了过多的 CSS 或 JavaScript？页面中细分的内容类型是什么样的——图片的大小是否如前面的例子中那样明显超过其他类型内容，还是有其他的异常？

什么是 HTTP Archive？

HTTP Archive 是一个固定存放页面性能信息的地方，诸如页面大小、失败的请求和使用的技术等。它收集了 Alexa 前 250 000 名网站的 URL 的 WebPagetest 信息。

关于页面大小并没有硬性规定，但是长期跟踪页面的大小是非常重要的，这样可以确保在页面改版和引入更多内容，或设计迭代时不会发生巨大和

意料之外的改变。我们会在 6.4 节中详细介绍网站页面大小和加载时间的测量和迭代。

审视页面的总大小和细分的内容种类时，要兼顾加载页面所需的请求数量和页面的感知性能。渲染页面所需的内容总数将直接影响用户加载所需的时间——越小越好。

2.3 感知性能

网站加载的感知速度比实际的速度更重要。用户的感知速度主要基于开始在页面上看见内容渲染的速度，页面变得可以交互的速度，以及网站滚动的流畅程度。

2.3.1 关键渲染路径

当用户开始加载页面时，首先出现的是空白。空白网页是一种很糟糕的用户体验，用户会感觉什么都没有发生。为了解决这个用户体验问题，你需要优化你的*关键渲染路径*。

为了了解关键渲染路径的工作原理，你需要首先了解浏览器如何通过读取页面中的 HTML、CSS 和 JavaScript 来进行可视化渲染。浏览器首先会创建*文档对象模型*（Document Object Model，DOM）。浏览器从服务器取回 HTML 后会对其进行解析：原始字节变成字符，字符组成的字符串变成诸如 <body> 这样的标记，标记变成拥有属性和规则的对象，最终这些对象互相联系在一起变成一种特定的数据结构。最后一步就是创建 DOM 树，浏览器对页面的进一步处理完全依赖于它。

在浏览器读取 HTML 的过程中，可能会遇到样式表。浏览器会暂停所有事情，并向服务器请求这个文件。当接收到文件后，浏览器会进行一个同前面类似的流程：原始字节变成字符，字符串组成标记，标记变成对象，对象互相联系在一起变成一个树结构，最终我们得到一个 CSS *对象模型*（CSS Object Model，CSSOM）。

接下来，浏览器将 DOM 和 CSSOM 组合在一起来创建*渲染树*，渲染树用来计算所有可见元素的大小及位置。渲染树中只包含渲染页面所必需的内容

(因此所有 `display: none` 的元素都不会包含在渲染树中)。最后，浏览器将最终的渲染树显示在屏幕上。

浏览器经过这个过程为用户将内容显示在屏幕上，这个过程就叫作关键渲染路径。WebPagetest 中的“Start Render”指标是观察用户需要多久才能看见网站加载的方式之一，它可以告诉你浏览器需要多少秒才能开始渲染内容。

通过 WebPagetest，我们可以用幻灯片视图方式（图 2-5）来观看页面，并观察页面随着加载在视觉上的变化情况。

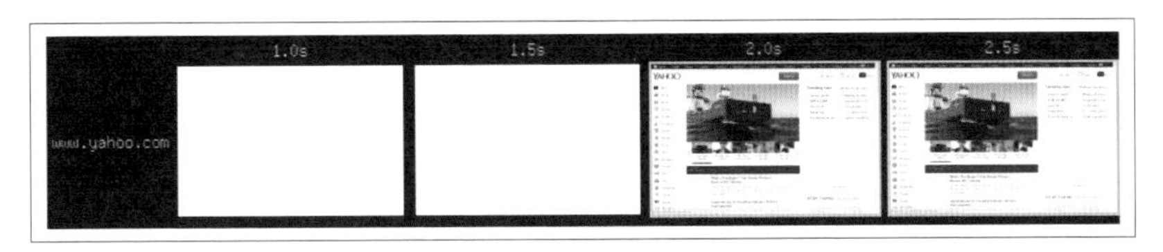

图 2-5：通过 WebPagetest 的幻灯片视图可以观察随着页面的加载屏幕内容的变化

以 0.5 秒为间隔，观察 Yahoo! 的首页可以发现，加载开始大约 2 秒后页面还是一片空白。页面上显示可见内容的时间越早，用户感觉到的页面速度就会越快。

> **说　明**
>
> WebPagetest的测试结果随着地区、浏览器、连接速度和其他因素的不同而有所差异。以0.5秒的间隔来观察Yahoo!首页的加载情况很简单，你也可以在WebPagetest的幻灯片视图中将间隔时间设置为0.1秒来观察自己的网站。

有一些方法可以优化关键渲染路径。由于默认情况下 CSS 会被当作阻塞渲染的资源来处理，可以使用媒体类型和媒体查询来标识 CSS 的某些部分为非阻塞渲染的：

```
<link href="main.css" rel="stylesheet">
<link href="print.css" rel="stylesheet" media="print"> ❶
<link href="big-screens.css" rel="stylesheet"
  media="(min-width: 61.5em)"> ❷
```

❶ 这个样式只有在打印页面时才会生效。它在页面首次加载时不会阻塞渲染。

❷ 这个样式只有浏览器的宽度大于等于 61.5 em 时才会生效。当浏览器宽度小于 61.5 em 时它不会阻塞渲染，但当浏览器宽度满足 `min-width` 的条件时会阻塞渲染。

另外一个优化关键渲染路径的方法是确保 JavaScript 以尽可能高效的方式加载。JavaScript 会阻塞 DOM 的构建，除非它被声明为异步加载；参见 4.5.1 节，详细了解如何让 JavaScript 不阻塞页面渲染。

想更深入地了解关键路径对网站感知性能的影响？WebPagetest 还给你的页面提供了一个叫作“Speed Index”（https://sites.google.com/a/webpagetest.org/docs/using-webpagetest/metrics/speed-index）的指标。根据 WebPagetest 的文档，Speed Index 是页面上可见内容被展示出来所需的平均时间。它以毫秒为单位，并且依赖于所选视口的大小。

当你想要测量页面的感知性能时，Speed Index 指标是非常好的选择，因为它可以告诉你“第一屏”内容需要多久才能展示给用户。关注用户需要多久才能看见并且和内容进行交互，比仅仅关注浏览器需要多久才能完整加载整个页面（包括文档被完整展示后，所有异步内容都加载并执行完成）更重要。在第 6 章中可以阅读更多关于 WebPagetest 如何测量 Speed Index 以及页面完整加载所需时间的内容。

可交互时间（Time To Interactivity，TTI）指的是从用户来到一个页面，到可以完成诸如点击链接、搜索或播放视频等交互操作所需的时间。有数种方法可以通过优化关键渲染路径，来提升页面加载并变得可交互的速度：

- 异步加载内容
- 提高“第一屏”内容请求的优先级
- 遵循 CSS 和 JavaScript 加载的最佳实践（在 4.5.1 节中有详细内容）
- 为再次访问网站的用户缓存资源（在 4.5.3 节中有详细内容）
- 确保页面上的主要功能尽快对用户可用

通过将关键渲染路径和页面加载的其他方面一同优化，可以确保网站的加载速度给用户留下好印象。

2.3.2 卡顿

当你滚动一个网页时，有没有注意到断断续续或者是画面跳跃的情况？这些现象统称为卡顿，当浏览器的渲染速度低于每秒 60 帧时就会发生卡顿。卡顿会使用户体验下降，并且会使用户对网站的感知性能不满。

断断续续是由于浏览器试图在页面上绘制更新。改变一个元素的视觉属性（比如背景、颜色、边框半径或阴影）会引起浏览器进行绘制。用户改变页面元素可见性的操作也会引起绘制，比如显示或隐藏某些内容，或者点击一个轮播的内容。当内容改变时，浏览器会“重绘”显示器上的部分画面。

重绘有时会对浏览器渲染产生巨大影响，使渲染速度低于每秒 60 帧的阈值。例如，现代浏览器能以高于每秒 60 帧的速度处理某些动画（比如位移、缩放、旋转和透明度等），而其他动画则可能会产生卡顿。对浏览器来说重绘是成本非常高昂的操作，并且会让人感觉页面加载非常缓慢。

如果你发现网站出现了卡顿的迹象，有一些浏览器工具可以帮助你寻找症结所在。Chrome 开发者工具中有一个 Timeline 视图（图 2-6），展示了当你同页面进行交互时浏览器渲染的帧率。

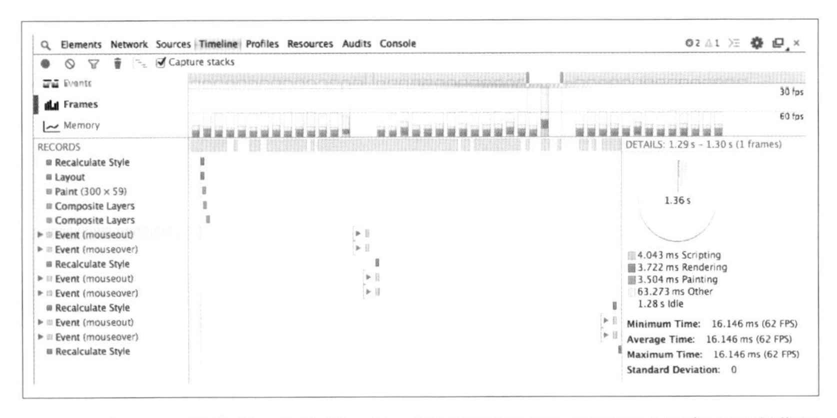

图 2-6：Chrome 开发者工具的 Timeline 视图展示了当你同页面进行交互时浏览器渲染的帧率

当你点击“record”并开始同页面交互时，Chrome 开发者工具会记录每秒的帧数，以及浏览器在做什么，比如重计算样式、触发事件或绘制。当你发现某个区域的渲染帧率低于每秒 60 帧的阈值时，就可以有针对性地对该区域减少重绘。首先通过隐藏页面中该区域的元素来查找造成卡顿的原因，接下来可以尝试通过隐藏颜色、阴影和动画来查找造成网页缓慢的根本原因。在 6.1.2 节阅读更多关于如何使用 Chrome 开发者工具的内容。

就网站的感知性能而言，要确保有人定期在不同的地区用不同的设备对页面进行测试。你是否可以很快地完成该页面上的主要操作？是否感觉你的网站很慢？是否发现在某些浏览器或移动设备上网页缓慢？进行用户测试同样可以帮助你确定页面上的哪个区域需要以最快的速度加载，以及哪个区域需要进一步优化来改善感知性能和关键渲染路径。

如果你发现用户由于加载时页面空白时间过长，或者没有耐心等待某个区域变成可点击状态而感觉网站很慢的话，可以优化加载顺序和页面请求的大小。如果网站第一屏页面能够更快地变成可交互状态，更快地将内容显示出来，网站的感知性能就会提升，从而带来更好的用户体验。

2.4　影响页面速度的其他因素

除了你可以控制的性能因素外，还有一些环境因素也会对网站的页面加载速度产生影响，包括用户的地理位置、网络和浏览器。

2.4.1　地理位置

用户的地理位置对于页面加载的总时间可能会有非常大的影响。如果用 WebPagetest 等测试工具在不同的地理位置进行测试，你会发现加载时间不尽相同。这是由于浏览器请求和接收信息都是通过物理网络进行的，而内容进行长距离传输的速度是有极限的；用户的浏览器距离服务器越远，通信所需的时间也就越长。如果一名澳大利亚用户访问你在美国的服务器，所需的时间会比美国本土用户长很多。

这也是为什么服务全球用户的网站会使用*内容分发网络*（Content Delivery Network，CDN）。CDN 会在全世界搭建具有相同内容的服务器，因此用户可以通过访问距离最近的服务器来节省时间。比如对于例子中的澳大利亚用户来说，你可以考虑通过位于亚太地区的 CDN 来提供内容，这样用户就可以通过距离他们更近的服务器来获取内容了。

2.4.2 网络

用户的带宽可能是有限的，或者在给定时间段内用户可以使用的带宽是有上限的，这取决于用户的地理位置。用户所在地区的网络基础设施并不一定同你用来测试网站的基础设施一样稳定或快速。记住一点，测试并不能代表实际的用户体验，因为你使用的网络基础设施可能明显更好，连接速度更快，使用的设备也可能更强大。

同样，用户的网络情况对于每一个内容请求所需要的时间可能会有显著的影响。在一个慢速的网络中，用户浏览器找到服务器并与之建立初始连接耗时会更长，下载内容也会耗时更长。随着浏览器为渲染页面所需的请求数量的增加，这个耗时会成倍地增加。移动网络是网络延迟的好例子，阅读 1.2.1 节详细了解由此所带来的挑战。

2.4.3 浏览器

用户的浏览器也会影响网站的感知性能，因为每个浏览器处理请求和渲染内容的方式都有些许差异。不支持渐进式 JPEG（将在 3.1.2 节介绍）的浏览器在显示渐进式 JPEG 的图片时必须等待图片下载完成，这比直接展示基线式 JPEG 感觉要慢很多。与支持更多并发连接的新式浏览器相比，支持少量并发连接的浏览器在请求和渲染内容时要更慢。

所有这些环境因素都是你无法控制的。然而，认真地优化网站加载速度，并定期在不同的地点和设备上测试网站的性能，将有助于你为用户创造最佳的用户体验。

下一章中，我们将研究在多数网站中体积最大的内容：图片。时刻谨记图片的格式和压缩是非常重要的，尤其是现在你已经了解了页面大小和请求会影响页面的整体加载速度。优化图片的大小和用户浏览器渲染图片的方式，网站的用户体验就会更好。

第3章

优化图片

图片是大多数网站的页面总体积中占比最大的资源。去年，在图片请求数量增长很少的前提下，普通页面中图片文件的大小增长了30%以上（https://blogs.akamai.com/2013/11/extreme-image-optimization-webp-jpeg-xr-in-aqua-ion.html）。由于普通页面中图片文件的数量和体积都很大（图3-1），优化图片毫无争议地成为了改进页面加载速度的最佳切入点。

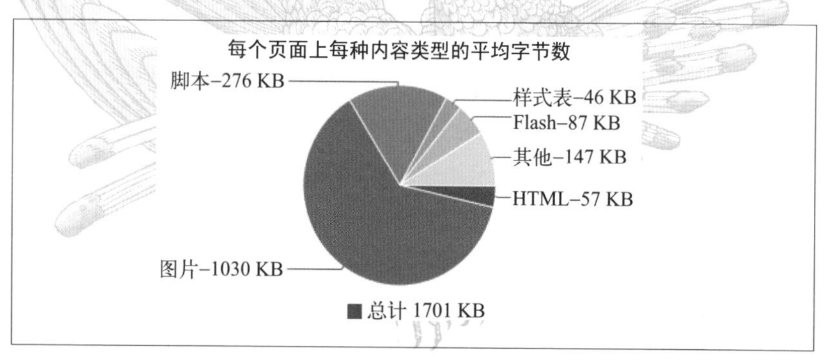

图3-1：HTTPArchive.org（http://httparchive.org/interesting.php）关于页面体积的调查显示，图片在大多数网站的页面总体积中占比较大

通过以下途径，可以显著优化网页内容中的主要图片以及用来装饰的各种图片：

- 平衡每张图片的文件大小和质量
- 找到减少网站中图片请求总数的方法
- 优化网站图片的创作流程以改进性能

我们从可用的各种图片格式开始讨论，然后再研究一下优化图片的方法，以便提升页面加载速度。

3.1 图片格式的选择

为网站创作图片时，有很多图片格式可供选择。生成图片时，问自己以下几个问题。

- 在不对质量造成明显影响的前提下，图片能被压缩到什么地步？
- 需要多少种颜色？
- 有办法简化这个图片吗？
- 需要透明吗？
- 需要动画吗？
- 这个图片显示时最大的宽和高是多少？
- 这张图片在网站中的复用性如何？

网络中最常用的图片格式是 JPEG、GIF 和 PNG。表 3-1 简要说明了每一种主流图片格式的适用场景和优化建议。

表3-1：图片格式概览

格式	最佳使用场景	优化选项
JPEG	有多种颜色的图片、照片	降低质量，输出为渐进式格式，降噪
GIF	动画	减少抖动，减少颜色数量，增强横向模式，降低纵向噪点
PNG-8	颜色较少的图片	减少抖动，减少颜色数量，增强横向和纵向模式
PNG-24	部分透明的图片	降噪，减少颜色数量

下面详细介绍每种图片格式的优缺点，以及如何输出和优化它们。

3.1.1 JPEG

JPEG 是照片以及其他含有大量颜色的图片的理想格式。JPEG 可以通过多种途径压缩，而不会产生视觉上明显可感知的质量损失。在低质量情况下，JPEG 图片会出现明显的修饰痕迹、波纹和颗粒感，因为它是有损压缩格式。有损图片格式在保存时会丢弃一部分信息。JPEG 通过使用一种基于人类看见和感知信息的方式的算法，来决定要丢弃哪一部分信息。

“修饰痕迹”是什么？

修饰痕迹是指某个区域内清晰度的损失。修饰痕迹可能导致图片看起来模糊或有马赛克。

JPEG 擅于丢弃处于平滑渐变和低对比度区域的信息。相邻像素差异较大的图片，通常更适合采用其他的图片格式（比如 PNG），因为这样的 JPEG 图片会有很明显的修饰痕迹。但由于 JPEG 图片最大的优点是包含丰富的信息，同时体积较小，因此网络上有大量 JPEG 格式的图片也就不足为奇了。JPEG 文件的优秀算法可以将复杂图像压缩为体积较小的文件，这是我们优化页面加载时间的目标之一。

借助 Photoshop 中的“保存为网页格式”功能，可以对生成的任意一张图片，对比多种质量和文件格式。你的目标是找到可接受的质量与文件大小。关注文件体积在何种压缩等级中会产生可感知的质量损失是很重要的。注意修饰痕迹、元素之间对比度的混乱，以及模糊的细节和文字。

在图 3-2 中，展示了同一张图片通过 Photoshop 的“保存为网页格式”功能所生成的数种质量效果。对比输出质量为 25、50、75 和 100 的图像，可以发现质量越低，图像中高对比度部分的边缘出现的修饰痕迹越多。

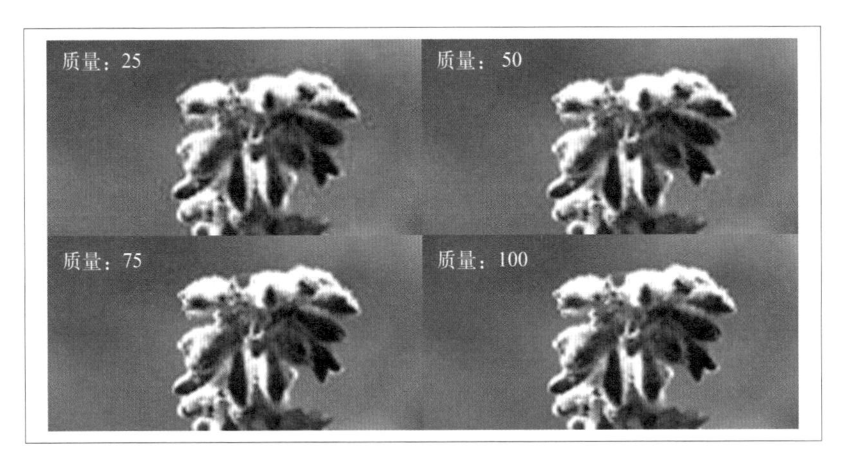

图 3-2：对比用 Photoshop 的“保存为网页格式”工具导出的图像的质量，质量低的 JPEG 图像在高对比度部分的边缘修饰痕迹更明显，比如顶部白色叶片和周围绿背景的交界处

为什么要使用“保存为网页格式”？

在 Photoshop 中主要有两种生成图像的方式：“保存为网页格式”工具和“另存为”。同“另存为”不同，“保存为网页格式”会为生成的图像文件提供更多的优化，同时允许你调整图像的质量，并在保存之前进行预览。“保存为网页格式”可以帮助你在图像的视觉效果和文件体积之间找到平衡点。

JPEG 图像中不同的颜色越多，文件的体积也就越大，因为 JPEG 的算法很难找到在哪些区域可以很容易地进行颜色的压缩和混合。噪点和纹理会显著增加 JPEG 文件的体积，如图 3-3 所示。在创建新图像时（特别是创建重复的图案时），对于引入颜色的数量需要非常谨慎。

噪点数量：10%
图像质量：50%
文件体积：2.98 KB

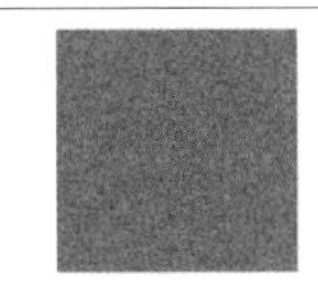

图 3-3：JPEG 图像中噪点、质量和最终文件体积的对比

在图 3-3 中可以看到一组对比结果，这些图片都是通过 Photoshop 的“保存为网页格式”工具导出并使用 ImageOptim 压缩过的。在 3.1.4 节中可以阅读更多关于压缩工具的内容。原始图片是在 Photoshop 中利用噪点滤镜生成的一个蓝色方块。左边的两个图片添加了 5% 的噪点，右边的两个添加了 10% 的噪点。

通过对比可以发现，图片中的噪点越少，图片的文件体积也越小；添加了 10% 噪点的图片文件体积几乎两倍于添加了 5% 噪点的图片。同时，JPEG 质量对文件总体积也有影响。在优化页面加载速度时，需要同时关注 JPEG 的噪点和质量，并找到图片中可以优化的空间。

选择 JPEG 类型也可以影响网站载入速度的感知性能（详见 2.3 节）。*基线 JPEG* 文件（网络上最常见的种类）是全分辨率的图片，由对图片从顶部至底部的扫描所组成。*渐进式 JPEG* 是由一系列质量递增的扫描组成的。

由于基线 JPEG 文件对图片进行从顶至底的扫描，所以在浏览器中是一行一行逐渐显示出来的。另一方面，渐进式 JPEG 图片则是以低清晰度形式马上显示出来，然后逐渐变得更加清晰。渐进式 JPEG 显得比基线 JPEG 加载得更快，因为它会用低清晰度的图片一次性填充满所需的全部空间，而不是一块一块地加载。

渐进式 JPEG 可以在所有的浏览器中显示，但不是所有的浏览器都能如我们所期望的那样快速地渲染它。在不支持渐进式渲染的浏览器中，渐进式 JPEG 会显示得更慢，因为它不能进行渐进式的加载，而是必须在完全加载后才能显示。在这种情况下，它会比分阶段加载的基线 JPEG 显示得更慢。可以在 PerfPlanet 的文章“渐进式 JPEG：一个新的最佳实践”（http://calendar.perfplanet.com/2012/progressive-jpegs-a-new-best-practice/）中阅读更多关于渐进式 JPEG 浏览器支持的内容。

选择 JPEG 类型时，另一个要考虑的因素是 CPU 使用率。渐进式 JPEG 每次扫描所需要的 CPU 电力，差不多是渲染一张完整的基线 JPEG 所需的量。这对移动设备来说可能是一个不好的消息。目前移动版 Safari 浏览器不会以渐进的方式渲染渐进式 JPEG，这是为了降低 CPU 能耗所做的考量。然而，其他移动浏览器，如 Android 上的 Chrome 浏览器，会对它们进行渐进式渲染。总体上，渐进式 JPEG 文件仍然是改善用户整体体验的优异选择，而 CPU 能耗方面的缺点，未来可能会通过浏览器厂商而得到改善。

如果你想测试将现有的基线 JPEG 转换为渐进式 JPEG，可以使用 SmushIt（http://www.smushit.com/）等工具。在 Photoshop 的"保存为网页格式"对话框中，勾选右上区域 Quality 选择器附近的 Progressive 复选框，就可以从头创建渐进式 JPEG 了（图 3-4）。

图 3-4：在 Photoshop 的"保存为网页格式"对话框中，勾选 Progressive 复选框创建渐进式 JPEG

最后，确保用压缩工具对 Photoshop 中输出的图像进行压缩。在不损失或损失很少质量的前提下，可以获得体积更小的文件。阅读 3.1.4 节可以获得关于压缩工具和工作流相关的建议。

3.1.2 GIF

GIF 是 Web 上最古老的图像文件格式之一。GIF 在 1987 年被创造出来，最初被用来在一个文件中存储多张位图。得益于对动画的支持，它在出现很久之后又再度流行起来。除了动画，GIF 同样支持透明度，但是每帧最多只能包含 256 色。如果 GIF 中有动画，每一帧中的 256 色的色盘可以是不同的。与 JPEG 不同，GIF 是一种无损文件格式。

下面两种少见的情况中，你可以考虑使用 GIF 图像文件格式：

- 同样的图像输出为 GIF 时比输出为 PNG-8 时体积小
- 动画不能用 CSS3 替代

当需要平衡 GIF 文件的视觉效果和文件体积时，有几个选项可以使用。首先，在"保存为网页格式"工具中可以设置抖动量以及颜色数，如图 3-5 所示。

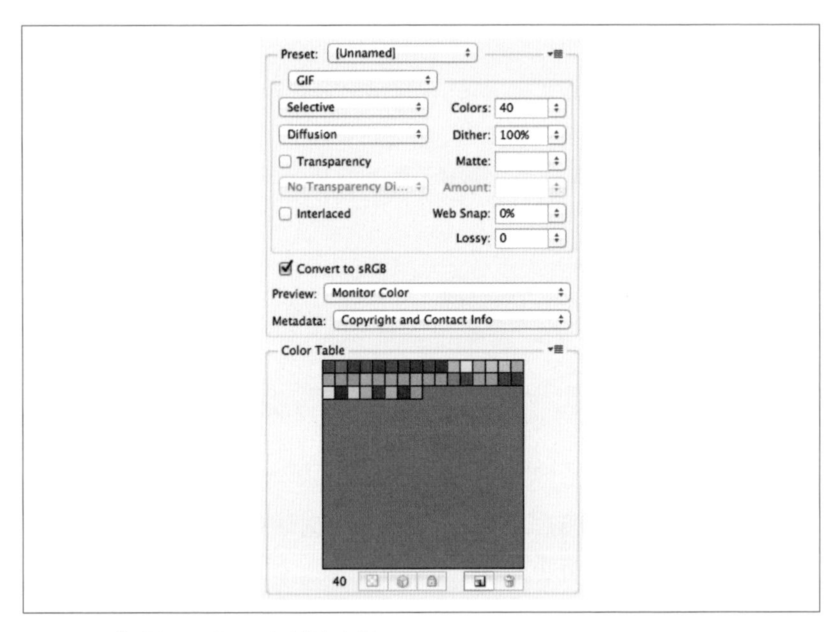

图 3-5：在 Photoshop 中创建 GIF

抖动量可以帮助创建平滑的颜色过渡。它检查相邻两个不同颜色的像素，并选择一个位于二者之间的新颜色来获得平滑的颜色混合。例如，下面这个图像中最多有 40 种颜色，可以看到抖动量设置为 0（图 3-6）与抖动量设置为 100（图 3-7）时平滑度的对比效果。

图 3-6：抖动量设置为 0 的 GIF：4.8 KB

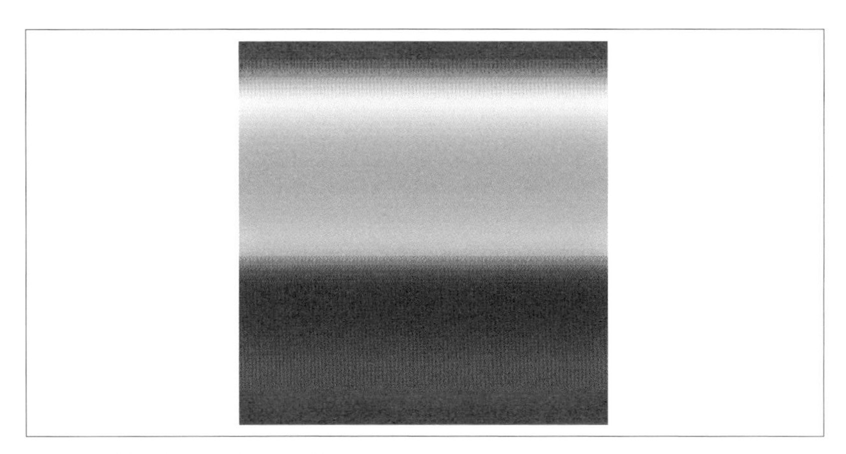

图 3-7：抖动量设置为 100 的 GIF：9.7 KB

GIF 图片的体积受抖动量的影响。在图 3-6 和图 3-7 中，当抖动量设置为 0 时，输出的 GIF 为 4.8 KB。当抖动量设置为 100 时，输出的 GIF 为 9.7 KB。注意，虽然两张图片在保存为网页格式的色板中最多有 40 色，但最终实际上可以获得多达 256 色。

有趣的是，如果我们改变这张 GIF 图片中渐变的方向，设置抖动量为 100 并输出，可以发现如图 3-8 所示的巨大变化。

图 3-8：垂直图案的 GIF：21 KB

为什么文件体积增加了一倍多？GIF 所采用的压缩算法只消除水平冗余。

因此，如果引入了额外的垂直方向细节或噪点，就会造成 GIF 文件体积的增加。当创建 GIF 时，需要考虑如何配合优化，在保证文件体积尽可能小的前提下仍然保持美观。尽量减少垂直噪点，因为它对 GIF 文件的体积有很大的影响。

对于大多数含有少量颜色并且内容分界清晰的图像来说，PNG-8 是更好的选择。PNG 使用的压缩算法与 GIF 不同，同 GIF 一样，它会寻找图像中的水平重复模式，但同时也会寻找垂直方向上的模式。对于同一张图片，PNG-8 的版本很可能比 GIF 格式的还要小，因此为了实现文件体积与视觉效果之间的平衡，确保测试 PNG-8 格式的图片表现如何。

最后，如果 GIF 中包含有简单的动画，比如一个下拉菜单或进度指示，可以考虑用 CSS3 动画来代替。CSS3 动画更加轻量，并且性能优于 GIF，因此测试一下是否能用它代替你网站中的 GIF 是值得的。

3.1.3 PNG

PNG 是一个无损图像格式，设计目的是为了对 GIF 格式进行改进。Photoshop 允许导出 PNG-8 和 PNG-24 的图像，每种格式在优化性能时各有利弊。

当图片需要透明时，PNG 格式是最佳选择。GIF 虽然也支持透明，但是文件体积比 PNG 大得多。PNG 会识别水平模式并同 GIF 一样对它们进行压缩，但它同时能识别垂直模式，这意味着 PNG 的压缩比更高。

当图像中的颜色数量较少时，PNG-8 可能是最佳的文件格式选择。PNG-8 的图像最多可以含有 256 种颜色，通常文件体积也更小。

在图 3-9 中可以看到一个包含 247 色的图像。在这个例子中，色板中所有 247 种颜色都是不同程度的灰色。PNG-8 同 GIF 一样最多可以有 256 种颜色。同 GIF 一样，我们可以选择抖动量（在 3.1.2 节阅读详细内容）并对总文件体积产生影响。

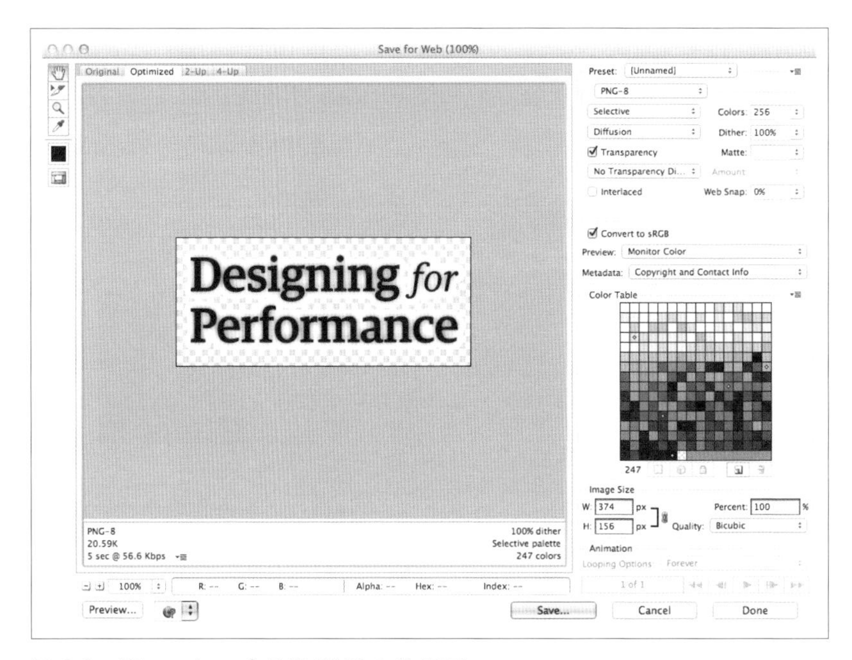

图 3-9：Photoshop 中导出 PNG-8 的视图

在图 3-9 中同时还有透明度的选项。图片中的文字有阴影，PNG-8 导出视图有一个杂边的选项。杂边选项告诉 Photoshop 如何处理图像的背景色：颜色应该同导出后的 PNG 中元素的背景色相匹配。Photoshop 会选择哪些像素需要透明，以及原始的半透明阴影如何同我们所选择的杂边进行混合，以对文本周围的像素进行着色。

在图 3-10 中我们将 PNG 设置为最多包含 256 色，但同样我们并不需要全部的 256 种颜色。在这个例子中，PNG 导出后只包含 4 种颜色：白、蓝、绿和红。尽管我们选择了使用透明度，但事实上并不需要，因为导出后的图像本身具有白色的背景。Photoshop 可以帮助你优化创建的图像的文件体积，但依然需要使用额外的压缩工具来对图像进行处理（在 3.1.4 节中阅读更多内容）。

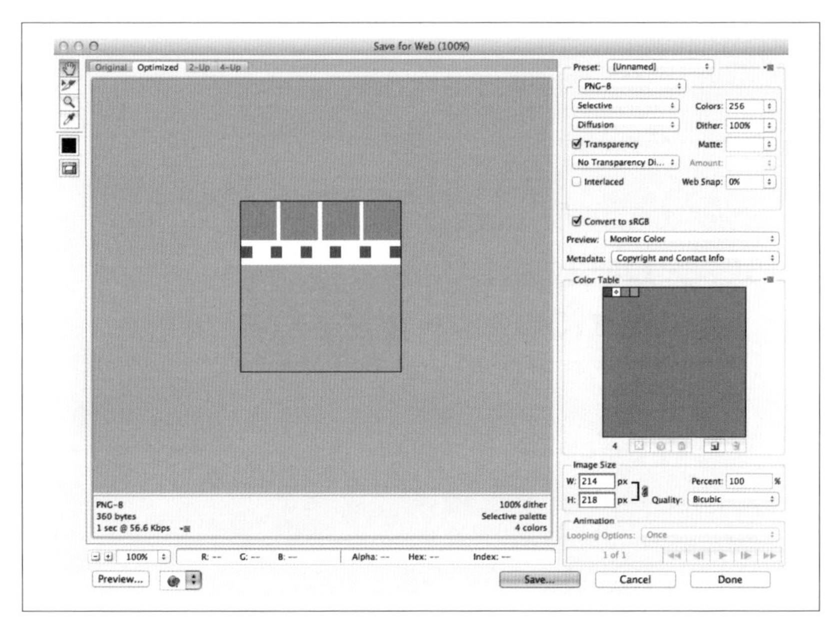

图 3-10：PNG-8 导出视图，只有少量颜色

另外，PNG-24 文件则在颜色数量上没有同样的限制。当选用 PNG 为图片格式时，体积通常是 JPEG 的 5 至 10 倍，因为它是无损的。同其他图像文件格式一样，减少噪点和颜色数量可以从整体上减少 PNG 文件的体积。让我们对比图 3-11 中的两个图像：其中一个包含 5 种不同颜色的色条，另外一个则包含 10 种。

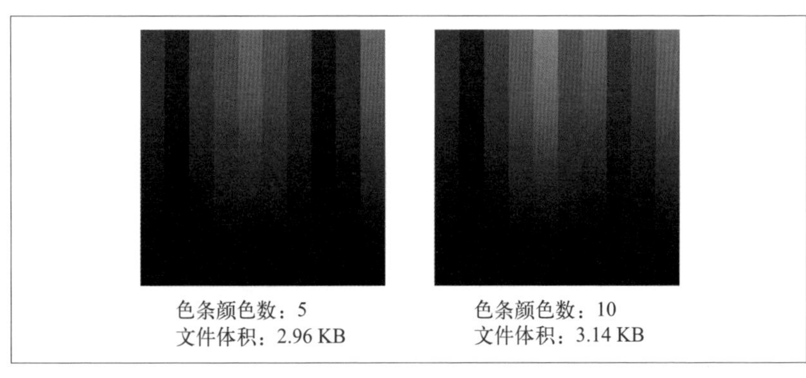

图 3-11：对比包含有 5 种和 10 种不同颜色的色条

这些图片是通过 Photoshop 的“保存为网页格式”工具导出的。增加图像中的颜色数量导致文件体积增加了 6%。如果能找到减少图像中颜色数量的方法，就可以提升性能，比如对网站所使用的颜色进行标准化（在 4.4 节中会介绍）。

在图 3-12 的示例中，我们将同样的文件以默认设置导出为包含透明度的 PNG-8 格式（图 3-9），可以注意到 PNG-24 文件处理透明度的方式非常不同。

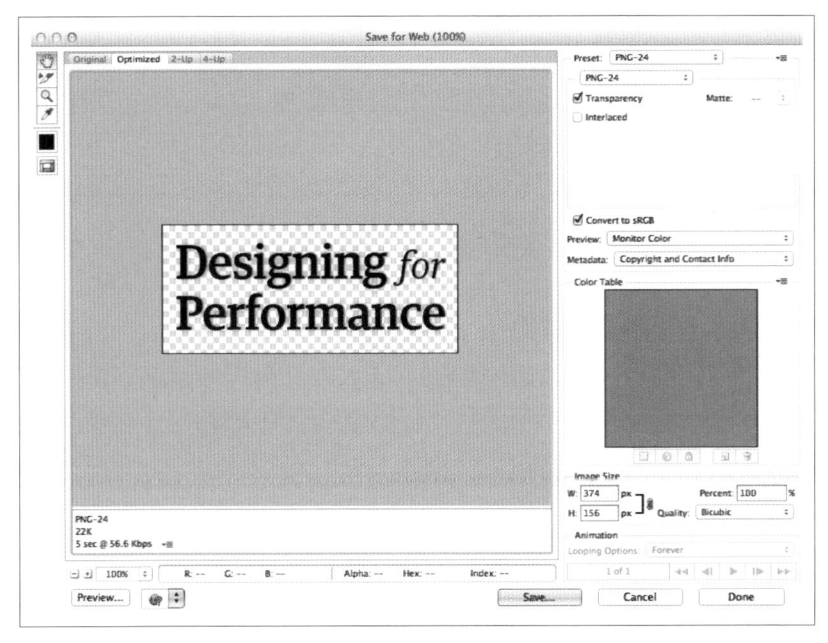

图 3-12：透明的 PNG-24 导出视图

在 PNG-8 中，Photoshop 采用杂边颜色来混合投影：并不存在半透明的像素，在投影周围只有全透明的像素。而在 PNG-24 中可以看到半透明。这也自然导致文件体积的增加：图像细节的丰富会让文件体积显著增长。如果文件中有大量不同的颜色并且不需要透明度，可以选择 JPEG 作为替代方案。

Fireworks（和 Photoshop 类似的图像处理工具）和 pngquant（PNG 图像有

损压缩工具）等工具也可以生成半透明的 PNG-8。但是在 Photoshop 中，如果你需要导出半透明的图像，需要选择 PNG-24。同样，通过额外的压缩工具对 Photoshop 导出的图像进行处理（在 3.1.4 节中阅读更多内容）。

需要注意的是，IE6 等老式浏览器对 PNG 仅提供了有限的支持。如果你的网站流有大量来自老式浏览器的流量，就需要对它们进行优化，对所有导出的 PNG 图像进行测试，确保它们可以正常渲染。

新的图像格式怎么样？

比较新的图像格式，比如 WebP（https://developers.google.com/speed/webp/）、JPEG XR（http://en.wikipedia.org/wiki/JPEG_XR）、JPEG 2000（http://en.wikipedia.org/wiki/JPEG_2000），都对性能进行了更多优化。随着图像创作软件和浏览器对它们的支持越来越好，我们也有更多的机会使用这些新的图片格式，对网站的图像进行更多优化，从而提升页面速度和感知性能。

3.1.4 额外的压缩

在导出图像之前，确保图像的宽度和高度在你需要的最大范围以内。如果图片的实际大小超出了必要范围，并在显示时进行缩小，会对页面加载速度产生负面影响，因为你强迫用户下载了非必要的内容。在 5.1 节中阅读更多关于如何提供大小合适的图像的内容。

导出图像之后，可以使用诸如 ImageOptim（http://www.imageoptim.com/）或 Smush.it（http://www.smushit.com/）这样的工具，找出适合不同文件格式的合理压缩策略。

ImageOptim 是可在 Mac 平台上下载的一款软件。将图片拖拽进去，可以看到它会为该图片找到最好的无损压缩方法，并移除不必要的色彩描述和注解（图 3-13）。这个软件目前包含了 PNGOUT、Zopfli、Pngcrush、AdvPNG、扩展的 OptiPNG、JpegOptim、jpegrescan、jpegtran 及 Gifsicle 等压缩工具。ImageOptim 可以对 JPEG、PNG 甚至 GIF 动画进行优化，为图像选取最合适的压缩方法。由于 ImageOptim 采用无损压缩，因此最终结果是一个更小且没有质量损失的文件，正是我们进行性能优化所需要的。

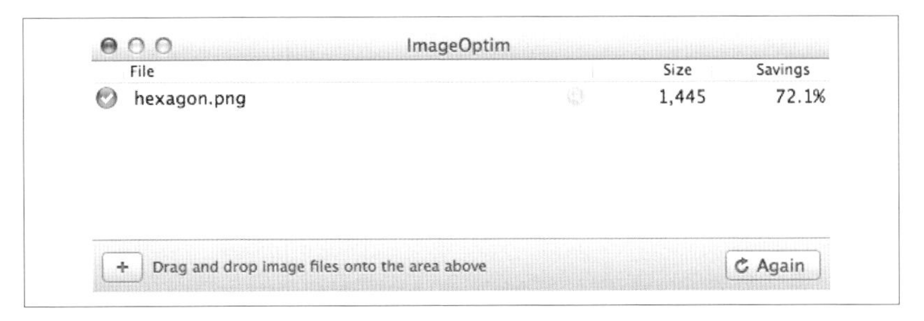

图 3-13：ImageOptim 是一个采用无损压缩算法来压缩图像文件的软件

Smush.it 同样是一个无损压缩工具，它是一个 Web 软件而非桌面软件。同 ImageOptim 一样，它可以处理 JPEG、PNG 和 GIF。Smush.it 中包含了 ImageMagick、pngcrush、jpegtran 和 Gifsicle 等压缩工具。当在 Smush.it 中上传图像或输入图像的 URL 后，它会选择最合适的压缩工具来进行处理，然后显示一个含有压缩后图像的下载链接的表格（图 3-14）。

图 3-14：Smush.it 是一个采用无损压缩方法来节省图像文件体积的在线工具

这些工具可以在不损失质量的前提下，大大减小图像的文件体积。为了权衡视觉效果和性能，在将图像上传到网络上之前用这些工具来处理并进行对比，将有很大好处。

如果可能，可以将网站图像的优化工作自动化。你可能有数个内容贡献者，而他们的工作流程不应该因为需要为单独的图片进行优化而被打断。将 ImageOptim-CLI（https://github.com/JamieMason/ImageOptim-CLI）或像 EWWW Image Optimizer（https://wordpress.org/plugins/ewww-image-optimizer/）这样的

WordPress 插件集成到网站的构建流程中，来确保所有新创建并上传的图像都进行了必要的额外压缩处理。

3.2 替换图片请求

除了减小图片文件的体积以外，通过减少图片请求的数量来优化页面加载时间也是很重要的（在第 2 章中有关于页面加载时间的基础内容）。有意识地优化网站请求数量和加载图片的方式，可以减少页面加载时间，让用户尽快看见并与网站交互。以下两种方式可以减少图片请求：

- 将图片合并到精灵图中
- 用 CSS3、data URI 和 SVG 替换图片文件

3.2.1 精灵图

关于网络性能有一句名言："最快的请求，是根本没有发出的请求。"将图片合并成精灵图是减少图片请求数量的途径之一。由于图片合并成了一个大的文件，并且额外增加了用来定位精灵图中素材的 CSS 规则，页面体积可能会有些许增加，但是页面加载速度会显著提升。

网站设计中那些较小、重复的图片是合并入精灵图的理想选择。这包括图标、网站标志和网站中使用的其他 CSS 背景图片。图 3-15 是一个精灵图示例。

Designing *for* Performance

图 3-15：这个 sprite.png 中包含了网站标志、桃心、星星以及网站中可能用到的其他图标

可以看到这张精灵图中包含了主标志以及星星和其他各种图标的不同版本。下面我们用 CSS 和 HTML 来实现这张精灵图。图 3-16 展示了最终输出的视觉效果。

Designing *for* Performance

★ We have a favorite!

★ We have a winner!!

图 3-16：这个截图展示了我们希望在页面中如何使用精灵图

在不使用精灵图的情况下，我们需要给每个元素分别应用图片。从下面的标记开始：

```
<h1>Designing for Performance</h1>
<p class="fave">We have a favorite!</p>
<p class="fave winner">We have a winner!!</p>
```

在这段 HTML 中，我们将网站标志应用到 `h1` 元素上，通过 `fave` 类将星星应用到第一个段落标记上，另外一个星星应用到具有 `winner` 类名的第二个段落标记上。下面是用于应用图片的初始 CSS：

```
h1, .fave:before {
  background: transparent no-repeat; ❶
}

h1 {
  background-image: url(h1.png);
  text-indent: -9999px; ❷
  height: 75px;
  width: 210px;
}

.fave {
  line-height: 30px;
  font-size: 18px;
}

.fave:before { ❸
  background-image: url(star.png);
  display: block;
  width: 18px;
  height: 17px;
  content: ‘’;
```

```
    float: left;
    margin: 5px 3px 0 0;
  }

  .winner:before {
    background-image: url(star-red.png);
  }
```

❶ 我们为这些元素指定了透明的 background-color，并告诉它在元素的宽高范围内不要重复显示 background-image。

❷ 用 text-indent 对 h1 元素在页面中的可见区域中的文字进行缩进，以便创造空间给 background-image 显示。可以采用很多方法来移动页面中某个区域的文字，同时不影响其对用户的可见性。可以尝试用下面的方法来隐藏可见的文字：

```
element {
  text-indent: 100%;
  white-space: nowrap;
  overflow: hidden;
}
```

text-indent: 100% 在 iPad 1 上对这个元素应用很多动画时，可能会显著提升性能。

❸ 为了让星星显示在段落文本的左侧，我将图片应用在段落的 :before 伪元素上。:before 选择器会创建一个新的行内元素，因此可以在被选择的元素之前插入内容。:after 也是一个可以使用的伪元素。这些伪元素在现代浏览器中都有良好的支持，IE8 中部分支持，而更早版本的 IE 则不支持。

现在让我们用精灵图来代替独立的图片。我们将使用前面例子中的精灵图（图 3-15）并将它应用到 h1 和 .fave:before 元素上：

```
h1, .fave:before {
  background: url(sprite.png) transparent no-repeat;
}
```

图 3-17 展示了将精灵图应用到 :before 元素上之后的效果。

Designing *for* Performance

We have a favorite!

We have a winner!!

图 3-17：这张截图展示了 :before 元素应用了精灵图后的段落效果，但是位置并不正确

接下来需要给精灵图指定新的 background-position，这样星星才能正常显示。h1 的精灵图的 background-position 默认值为 0 0 或 top left。background-position 可以选择多种形式的值对，分别对应 *x* 轴和 *y* 轴：

- 50% 25%
- 50px 200px
- left top

在我们的例子中，我们知道星星在精灵图中的位置，因此可以使用像素值来移动 background-image，直到星星被展示出来。对于第一个星星，需要将精灵图向左移动 216px 并向上移动 15px，以在 :before 伪元素中显示正确的图片。将以下 CSS 添加到 .fave:before 的样式中：

```
.fave:before {
  ...
  background-position: -216px -15px;
}
```

第二个星星会自动继承应用在第一个星星上的样式，因为它们具有相同的类名 fave。我们只需要调整 background-position 以显示红色的星星图标：

```
.winner:before {
  background-position: -234px -15px;
}
```

下面是我们用精灵图取代独立的图像的最终 CSS：

```
h1, .fave:before {
  background: url(sprite.png) transparent no-repeat;
}

h1 {
  text-indent: -9999px;
  height: 75px;
  width: 210px;
}

.fave {
  line-height: 30px;
  font-size: 18px;
}

.fave:before {
  display: block;
  width: 18px;
  height: 17px;
  content: '';
  float: left;
  margin: 5px 3px 0 0;
  background-position: -216px -15px;
}

.winner:before {
  background-position: -234px -15px;
}
```

由于图片请求数量明显减少，精灵图可以节省大量的页面加载时间。由于精灵图文件的大小和额外增加的 CSS 代码，页面体积可能会增加。尽管如此，使用精灵图仍然比使用独立的图片文件具有更快的加载速度，因为浏览器只要一个 HTTP 请求就可以加载所需图片。

我在网站上创建了两个测试页面：其中一个使用了精灵图，另一个没有使用。通过 WebPagetest 分别获取两个页面的感知性能（图 3-18）。注意，在类似这样的试验中，总加载时间和整体速度在多次测试中会有差异，但这可以让我们粗略地估计精灵图对性能的潜在影响。

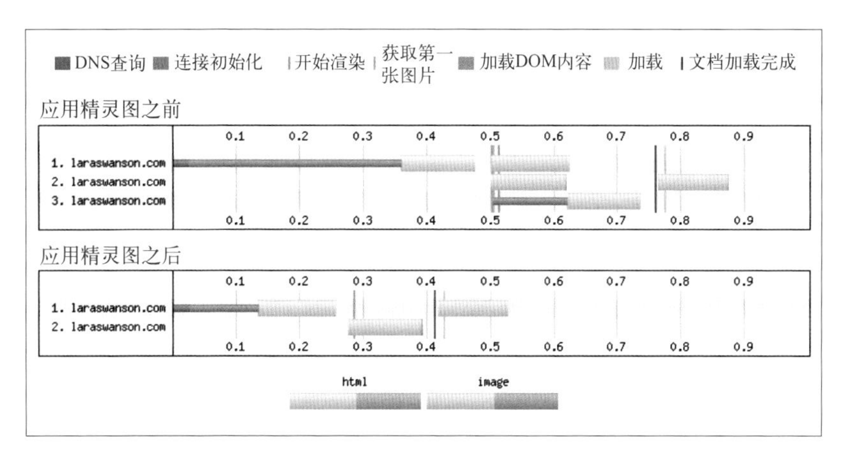

图 3-18：应用精灵图前后的连接情况对比

图 3-18 展示了应用精灵图前后的连接情况。在使用精灵图之前，Chrome 建立了三条连接用以获取页面内容。第一个连接中，在 DNS 查询及连接初始化后，浏览器获取了页面的 HTML 及第一张图片。在第三个连接中，依然需要初始化，然后加载更多的图片。下载的最后一张图片（注意它是在第二条连接中在文档快要加载完成时开始的）是网站图标。

使用精灵图后，Chrome 建立了两条连接用以获取页面内容。第一个连接中，在 DNS 查询及连接初始化后，浏览器获取了页面的 HTML 及精灵图。同样，在文档加载完成时浏览器获取了网站图标。如你所见，在使用精灵图后文档加载完成得更快。另一种将使用精灵图的版本的感知性能可视化的方式是使用 Speed Index 指标（图 3-19）。

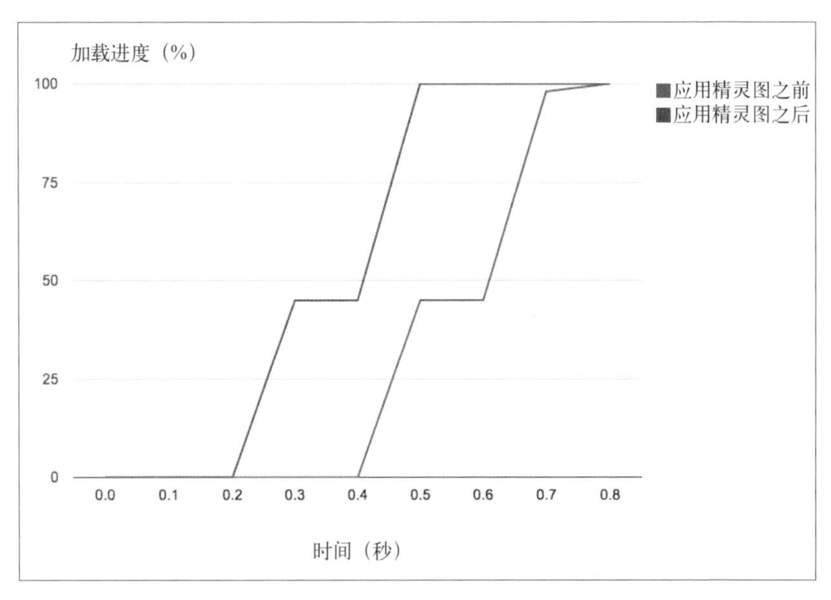

图 3-19：WebPagetest 的 Speed Index 指标有助于描述页面加载完成的情况。WebPagetest 通过指出在加载页面过程中的不同时间点页面的完成情况来计算 Speed Index，并随着时间的推移将进度显示出来

2.3.1 节中曾提到，Speed Index 是页面上可见部分显示所需的平均时间。当你想要测量页面的感知性能时，这是一个非常好的指标，因为它可以告诉你用户对页面首屏内容的加载速度的感知情况。在上面的例子中，视觉进度（Speed Index 从中计算而来）的图展示了使用精灵图后页面加载速度的提升情况。

HTTP/2 怎么样？

HTTP/2 是一个目前正在制定的 Web 协议的重大版本。其主旨是提升性能，HTTP/2 的主要目标之一是允许在浏览器到服务器之间使用单一连接，帮助浏览器优化资源请求。使用 HTTP/2，托管网站文件的 Web 服务器可以暗示甚至将内容主动推送给浏览器，而不是等待浏览器请求单独的页面资源。这意味着精灵图技术在今后可能会被淘汰！

使用精灵图也有一些潜在的性能缺陷。如果你需要更换精灵图中的某个图

片，将不得不破坏整个文件的缓存。此外，使用精灵图也会强制用户下载可能不必要的内容；即使精灵图中的某些图标在用户访问的过程中从未被使用过，用户也不得不下载并解码一个较大的文件。在创建精灵图并测量其对性能的影响时，需要考虑这些缺点。

我的团队进行了一项实验，我们有一个页面，其中有 10 个位置用来展示 26 张带有旋转动画的缩略图。我们将所有 26 张图片转换成一张精灵图，实验结果如下：

- 新添加的 CSS、JavaScript 和图片导致页面体积增加了 60 KB
- 请求数量减少了 21%
- 页面整体加载时间减少了 35%

这些结果表明，网页加载时间优化的实验是很有价值的。我们之前并不确定这一技术是否会提升整个页面的加载速度，但我们确信进行实验是值得的，因为可以从中总结经验。在第 6 章中阅读更多关于性能的测量和迭代的内容。

3.2.2 CSS3

使用 CSS 替换图像是另一种减少图像请求的方法。通过 CSS 可以创建几何形状、渐变和动画。以 CSS3 渐变为例：

- 可以处理透明度
- 可以同背景叠加
- 减少一个图片请求
- 极易修改

CSS 是替换图像的绝佳选择。无需担心 CSS3 语法中厂商前缀导致页面体积增加。在网站中使用 gzip 可以对代码进行有效的压缩（阅读 4.5.2 节获取更多内容）。即使需要加载更多的 CSS 代码，相比图片请求，这也是性能更好的选择。

简单重复的渐变是使用 CSS 替换图片的一个好例子。如果可以使用代替图片请求的既简单又可复用的 CSS3 渐变，为什么还要使用图片呢？

例如，你可以创建一个由白到透明的渐变，在任何你想显示的元素上使用这个渐变。让我们试试这三个按钮：

```
<a href="#">Click Me</a>
<a href="#" class="buy">Buy This</a>
<a href="#" class="info">More Info</a>
```

在我们的 CSS 中，我们已将字体和间距样式应用在这些按钮上。添加基本的斜面渐变：

```
a {
  background-image:
    linear-gradient(to bottom, #FFF, transparent);
  background-color: #DDD;
  border: 1px #DDD solid;
}
```

说　明

在本例中，我只介绍了W3C渐变语法。在其他浏览器中，比如Firefox和Internet Explorer，你需要添加语法。

基于这段 CSS，我们所有的超链接都会有一个灰色的背景，在这个背景之上还有通过 CSS3 创建的渐变，被设置为背景图片。每个超链接还有一个 1px 的实线灰色边框。通过设置背景色和边框色，可以将 Buy This 按钮设置为绿色，More Info 按钮为蓝色：

```
.buy {
  background-color: #C2E1A9;
  border-color: #D8E5CE;
}

.info {
  background-color: #AFCCD3;
  border-color: #DAE9EC;
}
```

最终效果如图 3-20 所示，每个按钮有各自的背景色，背景色上面覆盖了由白到透明的渐变。

Click Me Buy This More Info

图 3-20：使用了 CSS3 渐变背景的按钮

使用像这样的渐变可以减少图片请求，这可以提升页面加载速度。鉴于你可以控制渐变颜色开始和结束的位置，使用 CSS3 渐变可以创造出非常惊艳的效果。下面的例子展示了一个用 CSS3 渐变创建的六边形，可以在 WebKit 浏览器中显示。我们只需要一个元素，在这个例子中我选择了 `div`：

```
<div class="hexagon"></div>
```

下面的 CSS 可以将这个 `div` 元素在 WebKit 浏览器中变为一个彩色的六边形：

```
.hexagon {
  width: 333px; height: 388px;
  background-image:
    -webkit-linear-gradient(120deg, #fff 83px, transparent 0,
        transparent 419px, #fff 0),
    -webkit-linear-gradient(-120deg, #fff 83px, transparent 0,
        transparent 419px, #fff 0),
    -webkit-linear-gradient(160deg, transparent 345px,
        #1e934f 0),
    -webkit-linear-gradient(140deg, transparent 376px,
        #1e934f 0),
    -webkit-linear-gradient(120deg, transparent 254px,
        #085b25 0),
    -webkit-linear-gradient(150deg, #053b17 183px,
        transparent 0),
    -webkit-linear-gradient(80deg, transparent 96px,
        #085b25 0);
  background-color: #053b17;
}
```

图 3-21 展示了 Chrome 中如何显示这个六边形。

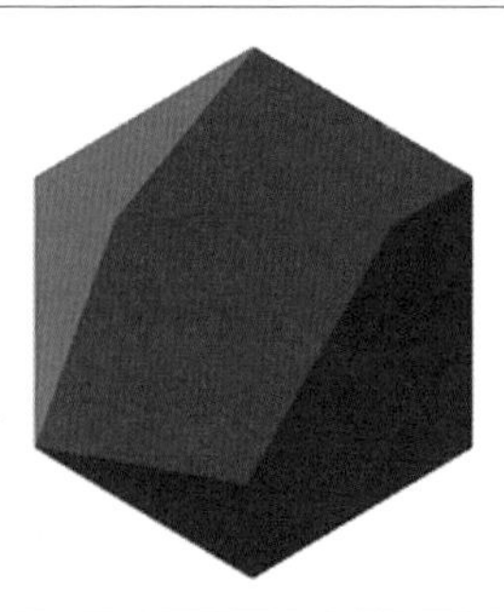

图 3-21：只用 CSS3 渐变制作的六边形，由 Geometry Daily #286（http://geometrydaily.tumblr.com/post/33428364684/286-icosahedron-shaded-a-new-minimal）提供

可以借助 ColorZilla's Gradient Editor（http://www.colorzilla.com/gradient-editor/）等工具创建 CSS3 渐变。可以选择使用不同的颜色、渐变方向以及支持何种浏览器。让我们定义一个自上而下、从浅绿色过渡到深绿色的渐变，并且支持跨浏览器。这个例子中，我们故意在两种绿色中间设置了一个明显的分界线，而不是平滑的渐变。

首先给元素设置会应用在 background 和 background-color 上的备用颜色：

```
/* Old browsers should get a fallback color */
background: #7AC142;
```

我强烈建议给每一个应用渐变的元素都设置 background-color，这样在不支持 CSS3 的浏览器中文字和背景之间依然有对比，而不会影响阅读。一定要对不同的浏览器进行渐变测试，以确保它们能够如期显示，并且文字可读。

为了支持更多的浏览器，需要将下面的 CSS 应用在元素的 back-ground 或 background-image 属性上：

```
/* FF3.6+ */
-moz-linear-gradient(top, #e4f3d9 50%, #7ac142 0);

/* Chrome, Safari4+ */
-webkit-gradient(linear, left top, left bottom,
    color-stop(0%,#e4f3d9), color-stop(50%,#e4f3d9),
    color-stop(51%,#7ac142));
```

```
/* Chrome10+, Safari5.1+ */
-webkit-linear-gradient(top, #e4f3d9 50%, #7ac142 0);

/* Opera 11.10+ */
-o-linear-gradient(top, #e4f3d9 50%, #7ac142 0);

/* IE10+ */
-ms-linear-gradient(top, #e4f3d9 50%, #7ac142 0);

/* W3C */
linear-gradient(to bottom, #e4f3d9 50%, #7ac142 0);
```

在上面的代码中，元素从顶部到 50% 高度的地方都会保持浅绿色。为了在两种绿色中间创建分界线，大多数浏览器都可以通过将第二个颜色点设置为 0 来实现。这会告诉浏览器，在 50% 高度的浅绿色之后，立即开始显示新的颜色。但是在旧版的 Chrome 和 Safari 浏览器中，我们需要设置多个颜色点及百分比来确保它们正常工作！

最终效果如图 3-22 所示。

图 3-22：具有明显分界线的 CSS3 渐变

---

background 和 background-image

将渐变应用到 background 和 background-image 上有什么不同？浏览器很聪明，如果你在 background 上设置渐变，它会将其应用到 background-image 上。渐变会正常工作，并且不会被元素上的 background-color 所覆盖。background-image 会覆盖 background-color 声明。尽管如此，如果在后面的 CSS 代码中通过给元素声明 background 来定义 background-image 渐变，会将之前的定义覆盖。

如果想要在旧版 Internet Explorer 中支持 CSS3 渐变，需要给元素设置 filter 属性。但是我们通过 filter 属性只能设置平滑渐变，而无法实现两

种绿色中间的明显分界线：

```
/* IE6-9 */
filter: progid:DXImageTransform.Microsoft.gradient(
  startColorstr='#e4f3d9',endColorstr='#7ac142',
  GradientType=0 );
```

你需要通过分析网站流量中浏览器的版本分布，来决定需要添加哪些厂商前缀。

上面的 CSS 中也包含了 W3C 标准的渐变声明：`linear-gradient`。希望在不久的将来，随着更多浏览器厂商在 CSS3 渐变语法上达成一致，可以清理掉 CSS 代码中多余的厂商前缀。

除了用 CSS3 制作渐变，在其他地方 CSS 还可以作为一个强大的图片替代品，取代加载指示、提示框以及其他简单的图像。有很多使用纯 CSS 实现的加载提示（http://dabblet.com/gist/7615212）、用 CSS 定义的各种几何形状（https://css-tricks.com/examples/ShapesOfCSS/）以及重复花纹（http://lea.verou.me/css3patterns/）的例子。

与此同时，由于大量使用 CSS3 可能会有代价，需要注意 CSS 对页面重绘次数的影响。重绘是一个性能开销非常大的操作，会让页面看起来很缓慢。如果你发现你的用户界面变得很缓慢，尤其是在滚动时，这可能是 CSS3 或 JavaScript 重绘问题。使用 JankFree.org（http://jank-free.org/）可以分析页面重绘问题的缘由所在。在 2.3 节中阅读更多内容。

3.2.3　data URI和Base64编码图像

使用 data URI 替换较小且简单的图像也是一个减少网页请求数量的方法。为了实现这种方法，通过一种叫作 Base64 编码的方法将图像转换为纯文本，将其变成一个 URI。例如，假设我们有一张 PNG-8 格式的小三角形图像（图 3-23），计划在网站中很多地方复用。

图 3-23：PNG-8 格式的小三角形

使用在线的 Base64 编码器可以将这个图像转化为等价的文本形式（一个

data URI）。我们将图像上传到编码器中，编码器返回一个可以在 CSS 中使用的 data URI。用 CSS 将这个三角形的 Base64 编码应用到某个元素的 `background-image` 中看起来是这样的：

```
background-image: url(data:image/png;base64,iVBORw0KGgoAAAANSUh
    EUgAAAAoAAAAQCAAAAAAKFLGcAAAAVUlEQVR4AWM4/B8GGOyfw5m6UQimx3
    Y4c6PKTxjzUn4FnPmB7QaM+X+CDZz5P2E+nHlS6C2M+b86Ac78b3MYzlyq8
    hPG/J/fAmSegQC22wzhxlBQAQBbjnsWelX9QwAAAABJRU5ErkJggg==);
```

使用 Base64 来编码图片，并将图片编码嵌入页面中，可以节省一个 HTTP 请求，进而提升加载性能。图像可以立即被处理并显示，无需等待图片的 HTTP 请求。

但与此同时，使用行内图像将无法对文件进行缓存，并使 CSS 文件体积增大（有时并不明显，取决于 data URI 的长度）。在将网站中的图像永久转换成 data URI 之前，对性能的变化进行测试，以确保这种转换确实能带来性能提升。

3.2.4 SVG

可缩放向量图形（Scalable Vector Graphic，SVG）是用来替换某些图标或图片的绝佳选择。如果图片是单色或渐变的，透明的，或只有非常少的细节，可以考虑将它输出成 SVG。SVG 使用 XML 语法，通过路径、形状、字体和颜色等属性来描述图片。

使用 SVG 图像最大的好处是，无论设备是否支持视网膜屏幕，都可以很好地显示它。通过使用 SVG 可以非常好的为高分辨率显示屏服务，而无需重复创建高分辨率版本的图片。与点阵图像不同，由于 SVG 是可以优雅地缩放的向量图像，因此可以在合适的尺寸和清晰度下显示。同时，用行内的 SVG 来替代图片文件，还可以节省一次从服务器获取文件的 HTTP 请求。

IE8 及以下的浏览器，以及运行 Android 2.x 及以下的设备都不支持 SVG。但是通过可靠的功能检测，可以借助工具将 SVG 图像转换成 PNG 版本。例如 Grunticon（https://github.com/filamentgroup/grunticon）允许你上传一组 SVG 文件和生成将图标应用为 SVG 背景的 CSS，同时提供备用的 PNG 图片和对应的 CSS。

在 Adobe Illustrator 中，依次选择文件、另存为，在格式中选择 SVG，就可以创建 SVG 图像。新生成的 SVG 文件可以用文本编辑器进行编辑。有数个输出选项可供选择（图 3-24）。

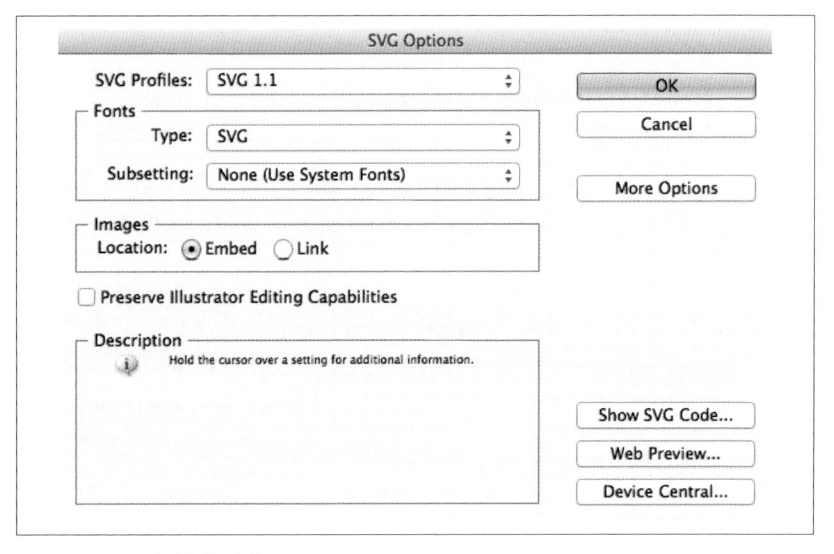

图 3-24：SVG 输出选项

通过以下选项可以创建最简单（同时也是最小）的 SVG 文件，并且不会损失质量。

- SVG Profiles：SVG 1.1。这个版本的 SVG 支持情况是最好的。
- Font Type：SVG。
- Subsetting：None（Use System Fonts）。
- Images：Embed。将所有的位图都嵌入到 SVG 中，而不是创建一个外部链接。
- Preserve Illustrator Editing Capabilities：不选。在网站上使用 SVG 时不需要这个功能。

在下面这个例子中，我用 Adobe Illustrator 创建了一个 SVG 格式的星星（图 3-25）。

图 3-25：SVG 格式的星星

在文本编辑器中打开你的 SVG 文件。在 SVG 文件中你可能需要一些 XML 标记，比如：

```
<svg>
  <path/>
</svg>
```

但是如果以纯文本的方式打开这个星星的文件，可以看到 Adobe Illustrator 在 SVG 中生成了一些多余的代码：

```
<?xml version="1.0" encoding="utf-8"?>

<!-- Generator: Adobe Illustrator 15.0.2, SVG Export Plug-In .
  SVG Version: 6.00 Build 0) -->

<!DOCTYPE svg PUBLIC "-//W3C//DTD SVG 1.1//EN"
  "http://www.w3.org/Graphics/SVG/1.1/DTD/svg11.dtd">

<svg version="1.1" xmlns="http://www.w3.org/2000/svg"
  xmlns:xlink="http://www.w3.org/1999/xlink" x="0px" y="0px"
  width="20px" height="20px" viewBox="0 0 20 20"
  enable-background="new 0 0 20 20" xml:space="preserve">

<polygon fill="#FFFFFF" stroke="#000000" stroke-miterlimit="10"
  points="10,2.003 11.985,8.112 18.407,8.112 13.212,11.887
  15.196,17.996 10,14.221 4.803,17.996 6.789,11.887 1.592,
  8.112 8.015,8.112 "/>

</svg>
```

下面这些内容可以随意从导出的 SVG 中删除。在浏览器中这些内容并没有实质影响，而我们为了追求性能需要尽可能地优化文件大小：

- <!DOCTYPE>... 这一行
- <!-- Generator: Adobe Illustrator... 注释
- <?xml... 声明

也可以使用 Scour（http://codedread.com/scour/）或 SVGO（https://github.com/svg/svgo）这样的工具自动地进行精简。确保只对导出的 SVG 而不是原始文件进行这些精简工作。

有几种方法可以将 SVG 图像应用到网站上。你可以在 `img` 标签的 `src` 属性中应用 SVG：

```
<img src="star.svg" width="83" />
```

SVG 图像会被生硬地拉伸为你所设置的宽度。除了将 SVG 包含在 HTML 文档中，也可以通过 CSS 将它设置为某个元素的 `background`：

```
.star {
  background: url(star.svg);
  display: block;
  width: 83px;
  height: 83px;
  background-size: 83px 83px;
}
```

你也可以在 HTML 中创建行内 SVG：

```
<body>

  <svg version="1.1" xmlns="http://www.w3.org/2000/svg"
    xmlns:xlink="http://www.w3.org/1999/xlink" x="0px" y="0px"
    width="20px" height="20px" viewBox="0 0 20 20"
    enable-background="new 0 0 20 20" xml:space="preserve">
    <polygon fill="#FFFFFF" stroke="#000000" stroke-miterlimit="10"
      points="10,2.003 11.985,8.112 18.407,8.112 13.212,11.887
      15.196,17.996 10,14.221 4.803,17.996 6.789,11.887 1.592,
      8.112 8.015,8.112 "/>
  </svg>

</body>
```

某些网站在使用 SVG 图像时，会将它们合并到一个图标字体中，而不是应用在 CSS 或 `image` 标记中。IcoMoon（http://icomoon.io/）等工具可以帮你用自己的 SVG 图像创建自定义的字体。但是并非所有浏览器都支持图标字体，并且在不支持的环境中很难创建备用方案。此外，`line-height` 和 `font-size` 会让单独使用的字体图标变得更加复杂，对可访问性来说也是挑战（https://www.filamentgroup.com/lab/bulletproof_icon_fonts.html）。

的确，使用字体会让修改图标颜色变得很简单，只要通过修改字符对应的 CSS 定义中的 `color` 属性即可。但是独立的 SVG 图像更易使用，通过 CSS 的 `fill` 属性，同样可以控制行内 SVG 的颜色。

尽管旧版浏览器不支持 SVG，但是对于视网膜屏幕设备的超前支持，以及为了支持旧版浏览器而引入的简洁的工作流，比如 Grumpicon（http://www.grumpicon.com）或 Modernizr（http://modernizr.com/），让 SVG 成为了一个通过替换图片提升网站性能的绝佳选择。通过运行 SVG Optimiser（http://petercollingridge.appspot.com/svg_optimiser）等压缩工具来进一步优化 SVG，可以简化小数并移除不必要的字符。

用行内 SVG 替换图像与使用 data URI 所带来的副作用是一样：额外增加 HTML 的文件体积且无法被缓存。在切换到 SVG 的版本之前，需要首先测量用 SVG 替换图像给网站性能带来的影响。

3.3 图片使用规划和改进

网站中图片的效率归根结底是由设计阶段的仔细计划决定的。如果预先知道网站中的图片会在何处以及如何被使用，就可以提前计划透明度、体积、渐变以及如何减少图片请求数量等。

随着网站的改进，参与图片创作和更新的设计师越来越多，图片文件夹中内容的增长可能会失去控制。有一些方法可以优化图片的文件体积和总数，并保持可维护性，包括对图片文件夹建立日常检查机制，优化页面体积，创建样式指南，以及指导其他的图片创作者关于图片优化的重要性。

3.3.1 建立日常检查机制

通过日常检查机制来确定哪些图片可以被复用、合并或者导出成其他的格式。当审查主要用来存放装扮网站的图片的文件夹时，思考以下问题。

- 这些精灵图最近更新过吗？是否有可以删除的过期图片，新加入的图片是否需要优化？

- 通过使用新的浏览器技术，或者用户中使用现代浏览器的人越来越多，图像中的某些内容是否可以用诸如 CSS3、SVG 或像 `picturefill` 这样的新技术来替换？
- 从上次检查到现在为止，所有新增的图片是否都使用了合适的格式？它们是否足够简化？是否都用压缩工具处理过了？
- 是否所有图片都缩放到了合适的高度和宽度？是否有图片在显示时比输出的尺寸要小？是否需要重新输出合适的尺寸来避免额外的开销？

同样，对于网站的页面体积也可以进行日常检查。注意页面体积的组成，包括图片大小的占比是多少。如果页面体积发生了显著增长，找到原因，并针对文件体积进行优化。在第 6 章中会介绍更多关于如何测量和优化页面体积及其他性能指标的内容。

3.3.2 创建样式指南

样式指南可以作为网站图片创作的参考，特别是对图标的含义和精灵图的使用来说，样式指南是最有效的说明。它可以包括如下内容。

- 在 HTML 中显示不同图标时所对应的类名。
- 图标用法及含义的定义，这样设计师和开发者才能在页面中创造出统一的用户体验，同时从使用缓存的图片中受益。
- CSS 渐变的例子及其他可以用来改进网站性能的技术，这样其他人都可以直接复用而无需开发自己的版本，避免冗余的 CSS 文件。
- 关于所支持浏览器的权威指南，这样设计师和开发者可以了解 CSS 中必须使用什么样的语法以及如何进行测试。

除了图片相关的文档外，样式指南对于页面加载时间来说还有很多额外的好处。在 4.4.1 节中，我们会介绍样式指南如此有用的原因，以及它可以包含的其他内容。

3.3.3 指导其他的图片创作者

通常情况下，你不是唯一会为网站创作并更新图片的人。很可能还有很多其他的设计师和开发者需要了解这些技术，其他内容创作者也可能并不深谙图片创作方法。

确保针对网站上的新图片有一个良好的工作流程。对于负责添加图片的设计师和开发者，确保他的工作流程中包含这样一个步骤：通过质量检测和额外的图片优化实现美观和性能的平衡。图片优化的过程应该尽可能自动化，这样创作者才不会觉得工作流程冗长乏味。

同其他为网站贡献力量的人分享相关的知识是很重要的，这样你才不是唯一的“性能警察”或“性能卫士”。帮助他人理解他们对网站加载性能的影响，这对图片内容的优化是非常有帮助的。可以在第 8 章中阅读更多关于如何激励他人在性能方面有所作为的内容。

再次强调，优化图片对于网站性能优化来说可能是最主要的优化点。当审查网站中的图片时，思考以下问题。

- 使用不同的图片格式是否能节约文件体积？
- 所有的图片都用压缩工具处理过了吗？
- 使用 CSS3 渐变、data URI、SVG 文件或精灵图是否是更好的选择？
- 图片中是否有过多的噪点或颗粒感，或者有任何其他方法能减少图片中的颜色数量吗？
- 怎样保证新添加的图片已经优化过？

在创作图片的过程中，应该始终关注视觉美感和性能之间的平衡（在第 7 章中阅读更多相关内容）。有时可能需要导出一个体积略微大一点的图片，这样视觉效果会显著提升。有时，通过复用颜色和图标可以节省大量的加载时间，而不必创建只有细微差别的图片版本。重要的是，在创作图片的过程中，时刻将性能记在脑中，做出最合适的决策。

在下一章中，我们将讨论如何优化 HTML 和 CSS。同图片一样，关注 HTML 标记的大小并了解它是如何在浏览器中渲染的，对于优化页面加载时间至关重要。我们可以精简 HTML 和 CSS，想方设法记录并复用设计模式来保持页面的整洁，并优化这些资源的加载。精简 HTML 和 CSS 通常也会带来更简洁的样式表和图片。作为一名设计师，你所扮演的角色是非常独特的，可以为网站创造高性能、易编辑、可复用的 HTML 标记。

第 4 章

优化HTML标记和样式

虽然在网页的体积中占比最大的通常是图片资源，但是调用和实现图片的 HTML 和 CSS 同样对页面加载时间有很大的影响。合理的 HTML 结构和命名，可以让网站更易维护并且性能优异；优秀的 CSS 结构和设计模式，可以让你专注于复用性以及网站的视觉和感受的意义。保持 HTML 和 CSS 整洁、有意义，可以让网站的加载速度更快，整体用户体验更好。在这一章中，我们会介绍与加载 HTML、CSS、字体和 JavaScript 相关的最佳实践。

4.1 简化HTML

简化 HTML 是建设高性能网站的基础。老旧的网站在设计师和开发者中几经易手，很多人都曾编辑或添加过 HTML 标记，但是新建的网站也可以从整理中受益，比如寻找内嵌或行内的样式、无用或非必需的元素，以及糟糕的类和 ID 命名等。

在第 1 章中提到，我曾经仅仅通过整理一个页面的标记和样式就使其加载时间减少了一半。我集中清理了冗余的 HTML 和 CSS，结果减少了 HTML、CSS 以及样式表图片文件的体积。

当观察网站的 HTML 时，注意以下几方面：

- 应该放在样式表文件中的内嵌和行内样式
- 对于特定样式无用的元素（不必要的 HTML 元素，也就是“过度嵌套”，会在下一节中介绍）
- 可以删除的过期或被注释掉的代码

如果有多个开发者或设计师编辑过某个网站，那么很可能存在未被使用或不必要的 HTML 标记。随着网站的发展，使用表格进行布局等老旧技术鲜少被清理，或有更新的最佳实践可以取代。在清理冗余或过期的 HTML 时必须毫不留情。“以防万一”并不是保留不必要或复杂的标记的好理由，最好删除它们，并且牢记，如果未来真的还需要使用它们，可以通过版本控制找回这些代码。

4.1.1 过度嵌套

“过度嵌套”（divitis）是指 HTML 中的很多元素除了对内容应用样式之外没有其他用途。过度嵌套通常发生在使用很多 div 元素而不是更加有意义和语义化的 HTML 元素时，但实际上任何 HTML 元素的不当使用都可能导致过度嵌套：

```
<div>
  <div>
    <header>
      <div id="header">
        <h1><span>Site Name</span></h1>
      </div>
    </header>
  </div>
</div>
```

上面的例子中需要这么多元素的原因并不明确，也许是由于给 span 设置样式时发生了什么有趣的现象，也可能是由于这些 div 对页面结构来说是有意义的。但无论如何，这是代码出现问题的明确信号，并且应该重新审视。过度嵌套通常发生在以下情况中：代码作者被样式的嵌套逻辑所迷惑，并且在试图覆盖元素的样式时，通过添加额外的父元素来匹配 CSS。

HTML 标记中不应该出现过度嵌套。过度嵌套会导致 HTML 和 CSS 代码的冗余，移除多余的元素可以让代码更加清晰，继承关系更加直观。尽可能使用 HTML5 元素（比如 header 和 article）来创建语义化的结构。这样在书写 CSS 代码时更加容易，并且也可以为创建可复用的设计模式带来便利。

为了避免过度嵌套，需要仔细斟酌冗余代码区元素采用的样式。考虑是否可以合并样式声明并将其应用到正确、语义化的元素上，以此来获得更好的 HTML 结构，比如：

```
<header>
  <h1>Site Name</h1>
</header>
```

或者简化为：

```
<h1>Site Name</h1>
```

有时，需要为了布局和语义化结构适当地保留元素，比如本例中的 header 元素。但通常，审查并简化页面中的元素会给你带来惊喜；得益于 HTML5 和 CSS 的强大功能，你可以获得更加稳定、轻量化的 HTML 结构。

4.1.2 语义化

语义标签是指那些名字可以代表其包含的内容的标签。良好的语义化标签选择包括具有代表性的 header 和 nav 等 HTML5 元素，以及命名为 login 或 breadcrumbs 等的类或 ID 名。避免诸如 left 或 blue 这样描述内容的样式和感觉而非具体意义的无语义命名。

将元素用语义化重命名，可以帮助创建更好的页面结构，也对创建全站可复用的设计模式有益。例如，下面的 HTML 结构不仅无语义，而且还过度嵌套：

```
<div class="right">
  <div id="form">
    <form>
      <p class="heading">Login</p>
      <p>
        <label for="username">Username:</label>
        <input type="text" id="username" />
      </p>
      <p>
        <label for="password">Password:</label>
        <input type="text" id="password" />
      </p>
```

```
      <input type="submit" value="Submit" />
    </form>
  </div>
</div>
```

下面是这个侧边栏和登录框的样式：

```
form {
  background: #ccc;
}

.right {
  float: right;
  width: 200px;
}

#form form {
  border: 1px #ccc solid;
  background: yellow;
  padding: 10px;
}

.heading {
  font-weight: bold;
  font-size: 20px;
}
```

目前的命名方式毫无意义，.right 类的样式很可能在样式表中的其他地方被无意覆盖，也很容易忽视它影响了使用该类名的其他元素。

同时，也不清楚哪些样式是能够复用的。在这段 CSS 中，我们给 #form 设置了 backgound，却又在接下来把同一个登录表单的背景颜色给覆盖了。看上去我们是想要突出这个登录表单。通过重命名和调整结构，使其更加语义化，我们可以创造出更易于理解的 CSS 文件和潜在设计模式。

```
<div class="sidebar">
  <form id="login">
    <h2>Login</h2>
    <ul>
      <li>
        <label for="username">Username:</label>
        <input type="text" id="username" />
      </li>
      <li>
        <label for="password">Password:</label>
```

```
        <input type="text" id="password" />
      </li>
      <li><input type="submit" value="Submit" /></li>
    </ul>
  </form>
</div>
```

我们用一个更加语义化的结构和命名规则取代了先前无语义的结构。现在我们有了一个侧边栏，清晰直接的表单名称，以及用无序列表组织起来的表单元素。虽然 CSS 代码略微增加了，但使代码整体上更简洁了。

```
form {
  background: #ccc;
}

form ul {
  list-style-type: none;
  padding: 0;
}

h2 {
  font-weight: bold;
  font-size: 20px;
}

.sidebar {
  float: right;
  width: 200px;
}

#login {
  border: 1px #ccc solid;
  background: yellow;
  padding: 10px;
}
```

如你所见，这样可以方便地使全站表单中的无序列表样式保持一致。同样，登录表单的头部（例子中的 `h2`）应该同页面中的同级头部样式保持一致。`.sidebar` 的样式在样式表后续的编辑中很难被覆盖，而 `#login` 也可以保持它独特的样式。尽管在我们的例子中 CSS 代码会因此而略有增加，但这有助于精简 CSS 文件其他地方的代码，因为可以避免其他的样式覆盖表单和段落的代码而使其看起来像一个头部元素。

语义化的命名使得老旧的 HTML 和 CSS 代码更易维护，因为它易于阅读、测试以及反复编辑。精简 HTML 和 CSS 通常会减小文件体积，让页面加载更快，同时也降低了页面随着时间流逝而变得臃肿的风险。因为语义化结构的意义更加明确，所以更容易创建可复用的设计和样式，给终端用户提供更好的体验。

4.1.3 可访问性

语义化标签除了可编辑性以及性能方面的优势，简洁的 HTML 标签对有无障碍性需求的用户也有帮助。语义化的 HTML 标签使内容的层次结构对浏览器、搜索引擎和读屏器具有意义。使用新的 `post` 和 `aside` 等 HTML5 标签，通过既有的标题、段落和列表等语义化结构进行实施，网络上的内容会变得对所有人都更易于阅读。搜索引擎机器人和为视障人士设计的读屏器主要会审视 HTML 中的内容，而非应用 CSS 后页面在浏览器中的视觉样式或 JavaScript 动画和交互。HTML 标记越简洁和语义化，用户体验也就越好。

针对如何让网站更易于残障人士访问，Web 内容无障碍指南（Web Content Accessibility Guidelines，WCAG）提供了很多的指导。如果你的 HTML 结构简洁且语义化，说明你正在使网站易于访问。万维网协会（World Wide Web Consortium，W3C）提供了完整的 WCAG 2.0（http://www.w3.org/WAI/WCAG20/quickref/）清单，来帮助你理解并达到当前 WCAG 的要求。

4.1.4 框架和网格系统

网络上有很多框架和网格工具可以帮助设计师和开发者无需从零开始创建一个网站。Bootstrap、HTML5 Boilerplate 和 960 Grid 都是很好的 CSS、HTML 和 JavaScript 基础框架，可以帮助你开始网站的设计工作。

但是，使用框架和网格系统是有代价的。它们的设计旨在满足大量常见的使用场景，因此包含了大量你的网站并不需要的内容。这些冗余内容给网站加载时间带来的负面影响，可能比对开发效率的提升还要大，如果在实现网格和框架的过程中不加以注意，有可能会在加载网站时引入过多非必需的资源、HTML 标记或样式。

下面是 HTML5 Boilerplate 中的样式的示例代码。这些样式对于使用了 `dfn`、

hr 和 mark 元素的网站是很有用的，但是对于没有使用这些元素的网站来讲则是冗余内容。

```
/**
 * 修正Safari 5和Chrome中没有样式的问题。
 */

dfn {
    font-style: italic;
}

/**
 * 修正Firefox和其他浏览器之间的差异。
 * 已知问题：不支持IE6/7。
 */

hr {
    -moz-box-sizing: content-box;
    box-sizing: content-box;
    height: 0;
}

/**
 * 修正IE6/7/8/9中没有样式的问题。
 */

mark {
    background: #ff0;
    color: #000;
}
```

如果一定要使用框架，在用户加载之前确保将这些多余的资源从网站中删掉。记住，网格和框架无法提供我们所希望的语义化结构，因为它们更加普适和通用。有些框架，如 HTML5 Boilerplate，提供了自定义构建选项（如图 4-1 所示），你应该好好利用。

在使用了现成的网格和框架之后，应该尽可能地精简命名并整理页面元素的结构。无论如何，都不应该强迫用户加载多余的样式、标签和 JavaScript。

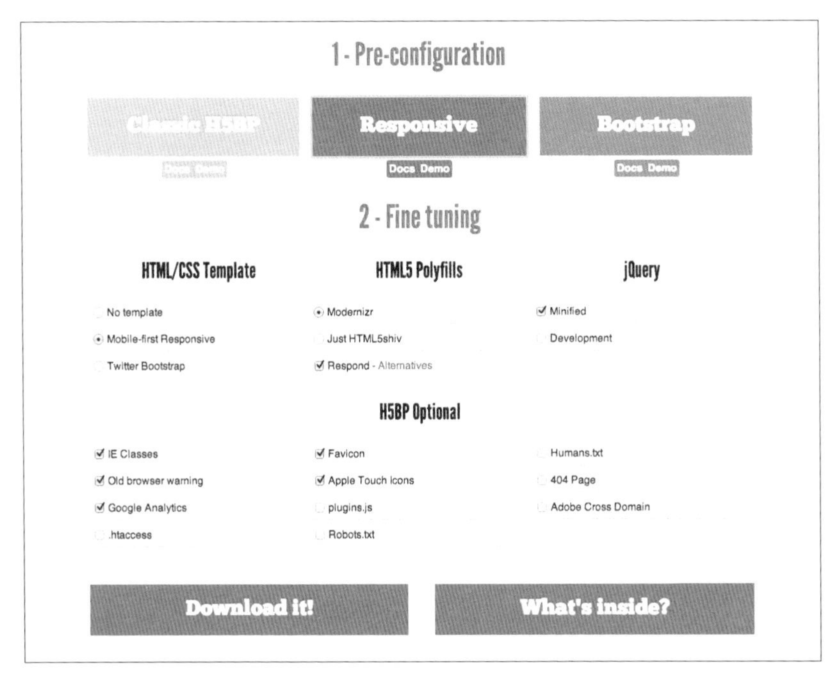

图 4-1：有些框架提供了自定义构建选项，比如这个来自 Initializr（http://www.initializr.com）的 HTML5 Boilerplate 自定义工具。可以利用这些工具来缩减多余的标签、样式和脚本

4.2 简化CSS

经过深思熟虑的 HTML 结构和审慎实施的网站布局和设计，可以帮助你获得简洁、易于编辑并且性能优异的 CSS。当你尝试精简现有的 CSS 时，可以考虑它们是否可以反映 HTML 的结构和设计意图。可能会发现：

- 元素命名没有语义
- 使用了 `!important` 声明
- 对个别浏览器做了 hack
- 使用过多不同的选择器

找到那些未使用的元素，可以合并或用更高效的方式替代的样式，以及过时的浏览器兼容方法。随着网站的增长，我们需要经常重构 CSS，考虑用新技术来提升页面加载时间。考虑网站结构以及设计意图时越慎重，CSS 就会越简洁。代码的可维护性和网站性能都会得到提升。

4.2.1 未使用的样式

对现有的网站来说，精简 CSS 的首要任务就是移除未使用的样式。随着网站的发展，未使用的样式会在不经意间增多，使样式表变得臃肿。被删除的元素或页面，重命名或重新设计的元素，以及已经被第三方组件取代的不再使用的元素，都会产生多余的样式。没有理由保留样式表中这些未使用的选择器和样式，也不应该强迫用户下载它们。利用版本控制及时回顾历史版本，审查旧的 CSS 代码。

有很多工具可以用来查找潜在的冗余 CSS 代码。Dust-Me Selectors（http://www.brothercake.com/dustmeselectors/）是 Firefox 和 Opera 浏览器中的一个插件，可以扫描 HTML 来找到未使用的选择器。在 Chrome 的开发者工具中，Audits 面板（图 4-2）可以运行 Web Page Performance 审查工具，来找到未使用的 CSS 规则。

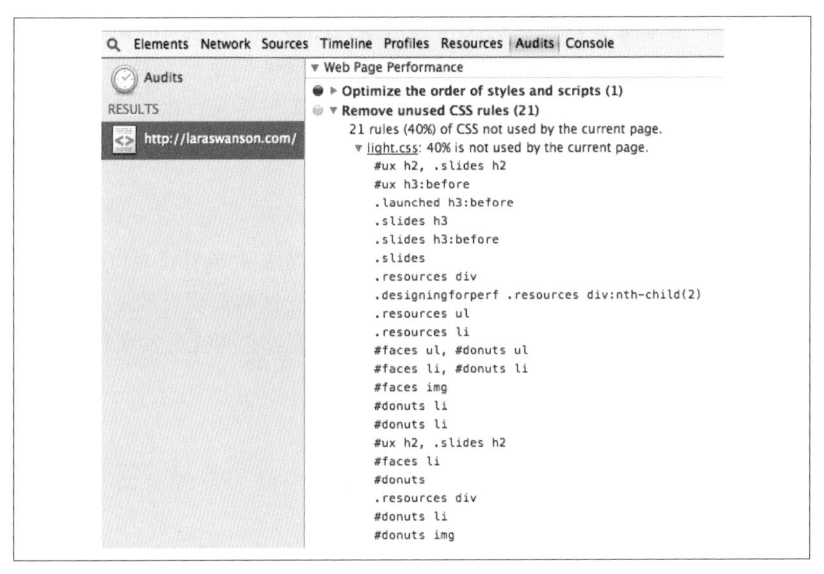

图 4-2：Chrome 开发者工具可以在任意页面中运行 Web Page Performance 审查工具。审查结果中包含了一个可以清除的未使用的 CSS 规则列表

使用这些工具时需要警惕，Dust-Me Selectors 可能不会抓取网站的全部页面，Chrome 开发者工具也只会分析当前页面（不包含其他使用同一份样式表的页面）的 CSS 选择器。这些工具对于获取一份初始列表是很有帮助的，可以用来测试哪些样式是可以删除的。

4.2.2 合并及精简样式

网站中同一个元素没有重复的样式定义，是样式一致和设计审慎的重要标准。检查样式表，寻找合并或精简这些样式的机会，因为这样可以提升代码的性能和可维护性。下面的代码中有两个样式相近的元素：

```
.recipe {
  background: #f5f5f5;
  border-top: 1px #ccc solid;
  padding: 10px;
  margin: 10px 0 0;
  font-size: 14px;
}

.comment {
  background: #f5f5f5;
  border-top: 1px #ccc solid;
  padding: 10px;
  margin: 9px 0 0;
  font-size: 13px;
}
```

二者之间的差异很小，只有 `.comment` 的 `font-size` 和 `margin` 不同。我们可以将这些样式合并进一个主声明块，然后单独为 `.comment` 设置不同的样式：

```
.recipe, .comment {
  background: #f5f5f5;
  border-top: 1px #ccc solid;
  padding: 10px;
  margin: 10px 0 0;
  font-size: 14px;
}

.comment {
  margin: 9px 0 0;
  font-size: 13px;
}
```

或者可以问自己：.comment 为什么需要一个些许不同的字体大小和下外边距呢？如果把 .comment 和 .recip 的样式合并在一起创建一个模式呢？这样复杂度会降低，可维护性会提高，同时 CSS 文件也会更小！

```
.recipe, .comment {
  background: #f5f5f5;
  border-top: 1px #ccc solid;
  padding: 10px;
  margin: 10px 0 0;
  font-size: 13px;
}
```

如果你发现这个模式被重复使用，也可以尝试把类名改得更通用，以便在整个网站范围内复用，而无需继续在选择器中用逗号添加新的类名。

很多原因都可能造成共享大部分样式的元素之间具有细微的差别：像素级精准的 PSD 原型的 Web 实现，偶然对一个已经存在的样式进行了更新等。在整个样式表中可以找到很多不同的高度、宽度和内外边距等的定义。它们是有意定义成稍有不同的值吗？可以把它们标准化吗？

寻找这些机会来进行标准化并创建模式。假定这些元素被有意设计成相同的样式和感觉，未来当某一个元素的设计发生变化时，你可能希望其他的元素也发生相同的变化。合并这些定义并创建共享的样式，可以在未来节省开发时间，同时更短的 CSS 文件也有助于提升加载速度。

此外，你可以开始制定容易遵循的间距和字体大小等规则。首先规定基准的 font-size，其他的设计决策以此为基础，这是一个让制定规则的过程变得简单的好方法。如果主要内容的字体大小是 14 px，line-height 为 1.4 em，通过简单的计算可以制定出以下规则：

- 头部元素的字体大小为 14 px 的倍数
- 内外边距为 1.4 em 的倍数
- 自定义的网格系统宽度以 14 px 或 1.4 em 为单位增加

CSS 允许你充分发挥样式简写声明的优势。例如 backgound 这个简写定义，在一行中可以包含很多独立的样式值。backgound 声明可以包含以下内容：

- background-clip

- background-color
- background-image
- background-origin
- background-position
- background-repeat
- background-size
- background-attachment

使用 background，你可以对其中的一个或多个甚至全部值进行设置。利用这样的简写声明，未来更容易合并和精简 CSS 代码。例如，假设我们有三个样式相似的元素，仅仅边框和内边距有少许差异：

```
.recipe {
  background: #f5f5f5;
  margin: 10px 0 0;
  border: 1px #ccc solid;
  padding: 10px 0;
}

.comment {
  background: #f5f5f5;
  margin: 10px 0 0;
  border: 1px #fff solid;
  padding: 10px 0 0;
}

aside {
  background: #f5f5f5;
  margin: 10px 0 0;
  border: 2px #ccc solid;
  padding: 10px 0;
}
```

我们可以用简写声明来对元素之间相同的样式进行定义，再用普通写法来设置那些不太一样的属性：

```
.recipe, .comment, aside {
  background: #f5f5f5;
  margin: 10px 0 0;
  border: 1px #ccc solid;
  padding: 10px 0;
}
```

```
.comment {
  border-color: #fff;
  padding-bottom: 0;
}

aside {
  border-width: 2px;
}
```

这样我们的 CSS 会更加易读。如果用简写的 border 重复对 .comment 进行声明，很难指出同最初的声明之间有什么差异。使用普通形式的属性，可以很容易地聚焦在需要修改的样式上。简写属性可以减少 CSS 代码行数，对性能有好处。

有时，对元素重命名可以帮助你合并及精简样式。如以下这些样式相近的元素：

```
h3 {
  color: #000;
  font-weight: bold;
  font-size: 1.4em;
  margin-bottom: 0.7em;
}

#subtitle {
  color: red;
  font-weight: bold;
  font-size: 1.4em;
  margin-bottom: 0.7em;
}

.note {
  color: #333;
  font-weight: bold;
  font-size: 1.4em;
  margin-bottom: 0.7em;
}

<h1>My page title</h1>

<article>
  <h2>My article title</h2>
  <div id="subtitle">My article's subtitle</div>
  <p>...</p>
</article>
```

```
<aside>
  <div class="note">I have a side note</div>
  <p>...</p>
</aside>

<footer>
  <h3>My footer also has a title</h3>
</footer>
```

在这个例子所示的情况中，对元素进行重命名，不仅可以创建更加语义化的结构，同时 CSS 也可以更加简洁。请发挥你的判断力。在这个例子中，我们认为 #subtitle、.note 和 h3 实际上具有相同的语义，即页面中的三级标题，因此可以在 HTML 中对它们重命名：

```
<h1>My page title</h1>

<article>
  <h2>My article title</h2>
  <h3>My article's subtitle</h3>
  <p>...</p>
</article>

<aside>
  <h3>I have a side note</h3>
  <p>...</p>
</aside>

<footer>
  <h3>My footer also has a title</h3>
</footer>
```

通过在 HTML 中对它们重命名，自动地将原始 CSS 中的样式进行了合并，现在它们都属于 h3 样式块。通过添加特定的选择器，可以修改 article 和 aside 中的头部元素的颜色：

```
h3 {
  color: #000;
  font-weight: bold;
  font-size: 1.4em;
  margin-bottom: 0.7em;
}

article h3 {
  color: red;
```

```
}

aside h3 {
  color: #333;
}
```

最后，如果你有使用 LESS 或 SASS 等 CSS 预处理器，生成的代码可能也是冗余的，有大量重定义和压缩的机会。经过深思熟虑的、可复用的设计模式，可以帮助你更好地使用预处理器来开发 CSS。尽可能使 mixin（只需定义一次即可反复使用的样式块）保持高效，并随时审查生成的样式代码。文件体积可能在不经意间就变得臃肿了，所以需要定期不断地检查 CSS 的效率。

4.2.3 精简样式图片

对样式进行合并和精简后，下面来看看样式表中使用的图片。图片占据了大部分网站体积中很大一部分，所以时刻牢记，减小图片体积，缩减请求数量，可以给网站的加载速度带来巨大的提升。

首先，尝试使用精灵图。如果你在整个网站中大量使用了图标和其他小图片，精灵图对减少请求数量会非常有帮助。3.2.1 节中有关于使用精灵图提升性能以及实现方法的详细内容。

其次，随着站点的增长，精灵图的数量也会增加。现有的精灵图中可能包含已经不再使用的或过期的图片。检查现有的精灵图：有任何可以删除的部分吗？这些部分的 CSS 是否也可以清理掉？可以清理图片并将它们重新输出成更合适的文件类型或更高压缩比的图片吗？精灵图越精简，页面的加载速度就越快。

接下来，尝试用 CSS3 渐变、data URI 或 SVG 来代替样式表中的图片。3.2.2 节中有更多关于如何创建 CSS3 渐变的内容，3.2.4 节中有更多关于如何创建高性能的 SVG 替代方案的内容。CSS3 渐变是用来替代目前的 CSS 重复背景图片的绝佳选择，它同样易于编辑并且具有良好的可复用性。使用 CSS3 替换图片可能会让网站有非常明显的速度提升。同样，使用 SVG 替换图片也可以提升页面加载速度，因为 SVG 可以同时替换样式表中的普通清晰度图片和给视网膜屏定制的高清晰度图片。

确保新添加到样式表中的图标或图片在网站的设计中都具有明确的含义和用途。将其文档化，制作成样式指南，这样其他的开发者和设计师就可以知道目前已经使用了哪些图标，以及如何使用它们。通常情况下，由于不清楚哪些图片已经存在于站点内，样式表中的图片数量会不知不觉由于重复而变得很多。我见过很多网站，开发了数种用图标或突出等途径来指示提示或警告信息的方式，而不是使用统一的样式规范。当你审查样式表以寻找使用设计模式的时机时，考虑一下样式表中使用的图片数量，以及是否可以对它们进行精简。

4.2.4 去除特殊性

在 CSS 中，特殊性（specificity）用来筛选选择器，帮浏览器决定应用哪项 CSS 规则。选择器有很多种，每一种都有自己的权重；基于这些选择器，通过一套计算规则（https://stuffandnonsense.co.uk/archives/css_specificity_wars.html）得出特殊性。如果两个选择器应用于同一个元素上，那么特殊性值高的最终获得优先级。

你会经常在一个 CSS 文件中看到过于具体的选择器。这经常发生于设计者或开发者试图通过增加权重来覆盖之前定义的应用于特定选择器的样式。例如：

```
div#header #main ul li a.toggle { ... }
```

为什么这个样式表的作者选择将所有选择器添加到一行呢？为什么不能简单地展示为：

```
.toggle { ... }
```

有可能作者为了正确地设置样式真的需要所有的特殊性。但是，这么多的特殊性也表明，使用样式表或者 HTML 层次结构可能会更高效。CSS 重新定义之前过度具体的 CSS 时，往往会发生低效的选择器，这也是件好事，便于你观察并找到需要精简的地方，从而提升效率。这在大型企业中经常发生，因为同一段代码会被多人编辑。

低效的使用选择器在过去被认为一定不利于性能，但是鉴于现代浏览器的高性能，这一担心变少了。不管怎样，清理选择器仍然是明智的，因为它可以帮你维护前端架构。

CSS 效率越高，性能就会越好。减少特殊性意味着，通过 CSS 本身的层级关系来重新定义样式会更简单，而不是通过添加额外的权重或者 `!important` 规则。低效的选择器和 `!important` 规则通常会让 CSS 文件变得冗余。总是尽可能地从最小、最轻的选择器开始，添加特殊性。

4.3 优化网络字体

网络字体会让页面的请求数量增加，体积增大。字体是能够提升页面美感却会让加载速度下降的典型例子。需要注意让字体尽可能地高效，谨慎地加载字体资源，同时测量性能和转化率等相关指标，以确保将字体包含在页面中所付出的代价是值得的。

下面展示了如何加载网络字体：

```
@font-face {
  font-family: 'FontName';
       /* IE9兼容性模式 */
  src: url('fontname.eot');
       /* IE6-IE8 */
  src: url('fontname.eot?#iefix') format('embedded-opentype'),
       /* 现代浏览器 */
       url('fontname.woff') format('woff'),
       /* Safari,Android,iOS */
       url('fontname.ttf') format('truetype');
}
```

支持 Web Open Font Format（WOFF，http://caniuse.com/#feat=woff）的浏览器越来越多，因此根据你的目标用户群和浏览器支持情况，可以选择更简短的 `@font-face` 声明。比如下面这个例子，支持 Chrome 6+、Firefox 3.6+、IE 9+ 和 Safari 5.1+：

```
@font-face {
  font-family: 'FontName';
  src: url('fontname.woff') format('woff');
}
```

之后，可以通过 `font-family` 来应用字体，并且定义备选字体，来应对新的字体文件无法加载的情况：

```
body {
  font-family: 'FontName', Fallback, sans-serif;
}
```

为什么需要备选字体？

访问网站的用户中有一小部分人的浏览器不支持网络字体，或禁用了网络字体加载。也有可能字体文件已经损坏或者浏览器找不到字体文件。如果用户的浏览器无法找到 font-family 字体列表中的第一个字体，就会尝试第二个，依次类推。备选字体列表应该至少有一个同主要字体相近的字体，至少有一个全平台支持的字体（比如 Georgia 或 Arial），以及一个通用字体，比如 sans-serif 或 serif。

网络字体的文件有很多种大小，从几 KB 到 200 KB 不等。检查你所使用的网络字体文件，从以下几方面入手尝试减少它们的大小。

- 你是否只需要几个字符而非整个字母表和表单符号？比如你只在标志中使用这个字体？
- 字体是否支持多语言？是否可以减少支持的语言种类为其中的一个子集（比如拉丁子集）？
- 能去除任何非必需的字符吗？

字符子集是可以有效减小字体文件的工具。如果你正在使用 Google 这样的字体服务，可以选择只加载特定的字符子集。在下面的例子中，我们会加载 Google 的 Philosopher 字体的 Cyrillic 子集：

```
<link href="http://fonts.googleapis.com/css?family=Philosopher
  &subset=cyrillic" rel="stylesheet" />
```

同样也可以只加载特定字符。例如，我们可以加载 Philosopher 字体的字母 H、o、w、d 和 y：

```
<link href="http://fonts.googleapis.com/css?family=Philosopher
  &text=Howdy" rel="stylesheet" />
```

诸如 Google 等外部的字体服务很可能已经缓存了用户所需要的字体，如果没有缓存就会请求外部域名并加载。自己托管的字体可以节省这个额外的 DNS 查询，但用户第一次访问是不会有缓存的。

自己托管字体的另外一个好处是可以对字体文件进行自定义。通过 Font Squirrel's Webfont Generator（http://www.fontsquirrel.com/tools/webfont-generator）这样的工具，可以自定义一个子集来对字体文件进行优化，如图 4-3 所示。

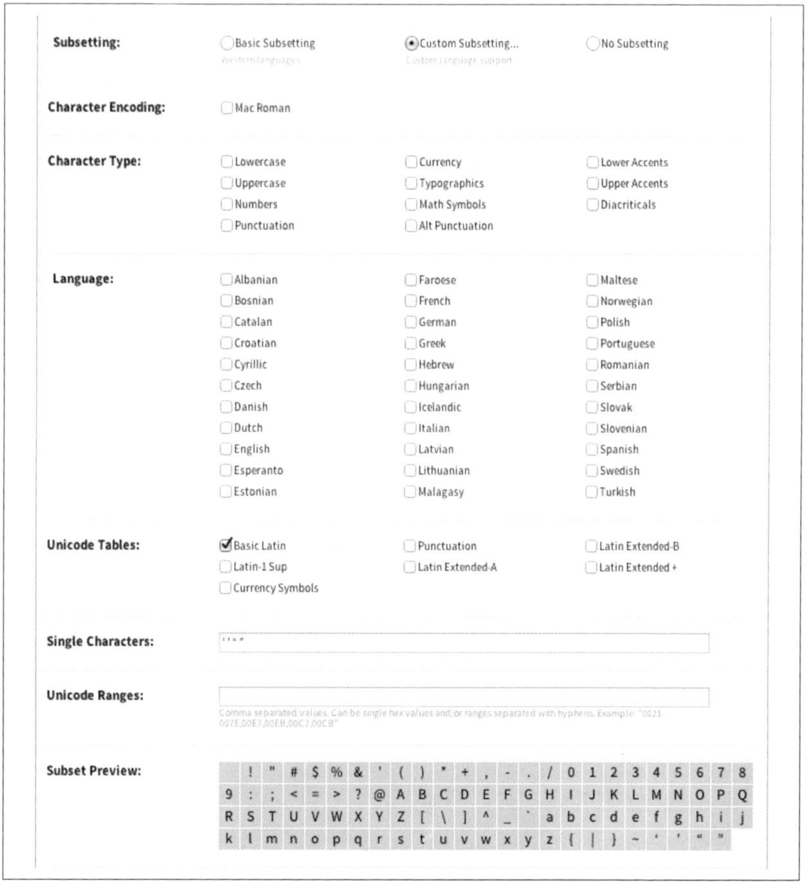

图 4-3：Font Squirrel's Webfont Generator 允许你自定义一个字体文件的子集，在这个例子中，我们的子集由基础拉丁 Unicode 表和额外的四个字符组成

你也许会想要同时使用多个字重。谨慎选择使用的自重数量，因为字重越多，请求数量和页面体积就越大，这对页面性能的负面影响非常大。尽量少使用不同的字重，平衡字体的视觉美观和性能（第 7 章有更多关于平衡和测量的内容）。

另一种优化网络字体加载技术的方式是，只在大屏幕中加载字体。这样可以在智能手机等小尺寸设备中减少请求数量和页面体积，让性能更好（1.2.1 节中有相关原因的说明）。使用媒体查询来应用网络字体：

```
@media (min-width: 1000px) {
  body {
    font-family: 'FontName', Fallback, sans-serif;
  }
}
```

使用网络字体时最重要的一点是谨慎使用。将字重的使用场景文档化，这样其他人就可以复用标签并在合适的地方使用字重。特定的字重应该只在特定的头部元素或设计模式中使用。这样可以帮助培训网站的其他设计师和开发者，同时也可以让网站的加载速度尽可能快。在 4.4.1 节中阅读更多相关内容。

4.4 创建可复用的HTML标记

随着网站设计的不断改进，使用可复用的 HTML 标记创建设计模式成为维护网站性能的关键。在决定网站层级关系、布局和传达给用户的感觉的同时，你有机会仔细考虑资源的加载，并创建可以在整个网站范围内复用的 HTML 标记。良好的设计模式可以同时节省开发时间和页面的加载时间。可复用的 HTML 标记能够带来以下好处：

- 为资源缓存提供便利
- 防止设计师和开发者白费力气做重复的工作
- 在加载新内容时无需加载非必要的资源
- 帮助你删除那些已经不再需要的样式和资源

通过规范化网站的颜色使用，将加载指示和精灵图等可复用的模式整理成文档，以及定义使用字体等资源的规则，可以让团队成员在网站的改进中做出对加载时性能最合适的决策。

以颜色标准化为例。检查你网站的 CSS 文件并找到所有用到的颜色值。使用了多少种不同深度的灰色？当在界面中显示提醒时，是否使用了统一的颜色集合？是否存在多种不同深度的红色或黄色？主站的颜色使用情况如何？是否整个网站都使用同一个 HEX 值的主色调？还是使用了不同明度和饱和度的相近颜色？

设计中使用的颜色越多，颜色的意义就越不明确，而且样式表也会愈加难以维护。把它们整理在一起，然后看看如何进行简化。在简化的同时，思考如何使用这些颜色。例如，A List Apart 样式库包含了颜色使用场景的相关说明（见图 4-4）。

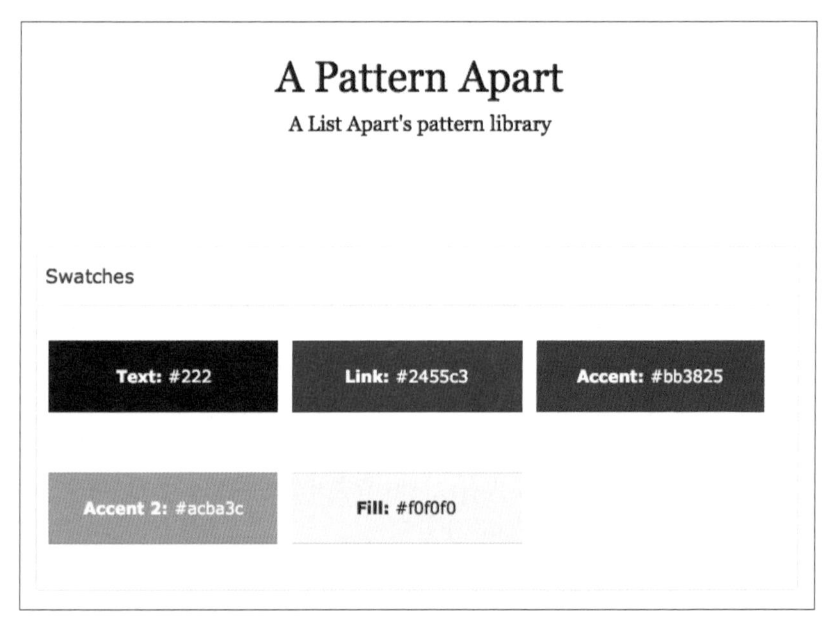

图 4-4：A List Apart 样式库（http://patterns.alistapart.com/）包含了颜色使用场景的相关说明

当开发一个使用了很多金黄色和深灰色的网站时，我对样式表进行了清理，使站点所使用的颜色尽量统一。我建立了一个文档，记录了当设计师想要深黄色、浅黄色以及红色的警告信息和绿色的“变更成功”信息时应该使用哪些颜色代码，等等。同时我整理了所有灰色的用例，搞清楚何时以及如何使用它们（例如，禁用状态的文字和边框使用 #aaa，背景使用 #eee 等）。当记录完颜色及它们的相关含义后，我用新的标准色替换了旧有的颜色。这使得我可以合并及精简很多样式，因为之前完全没有复用性可言。这样一来，样式文件体积减小了 6%，不仅降低了未来的开发和维护成本，同时也提升了加载速度。

样式指南

创建可复用的设计模式是非常好的实践，而决定能否持续复用它们的关键是文档化。样式指南对团队中的很多角色来讲都是非常棒的资源：编辑、开发者、设计师及其他想要获取关于网站设计和开发的最佳实践的人。

样式指南展示了编码及获取资源的最佳方式，可以让其他在你的网站上工作的人也帮助提升网站性能。将网站的标志资源放到一处，并尽可能地优化文件体积，选择最合适的文件格式，可以帮助未来新实现的标志同样遵循最佳实践。将网站标准的、优化的加载指示器记录下来，以方便以后的设计师直接复用这些模式，免得重新发明一个又慢又笨重的效果。现阶段投入精力制定样式指南，将帮助网站在未来保持良好的性能。

制定样式指南时将以下内容考虑进去：

- HEX 值，以及何时使用它们
- 按钮的类名，以及如何使用它们
- 精灵图，以及使用其中图标的对应类名
- 字体，包括如何给标题元素设置样式，以及如何引用网络字体

当记录最佳实践时，需要给出如何实现这些样式的相关说明。添加 HTML 和 CSS 标签的示例，说明如何引用正确的 JavaScript 文件，或者任何可以提升效率的实现方法。例如，Yelp 的样式指南（http://www.yelp.com/styleguide）中有一个章节包含了按钮的用例，展示了如何正确使用主要、次要和第三重要的按钮，同时还有已经不推荐使用的过期按钮样式（图 4-5）。

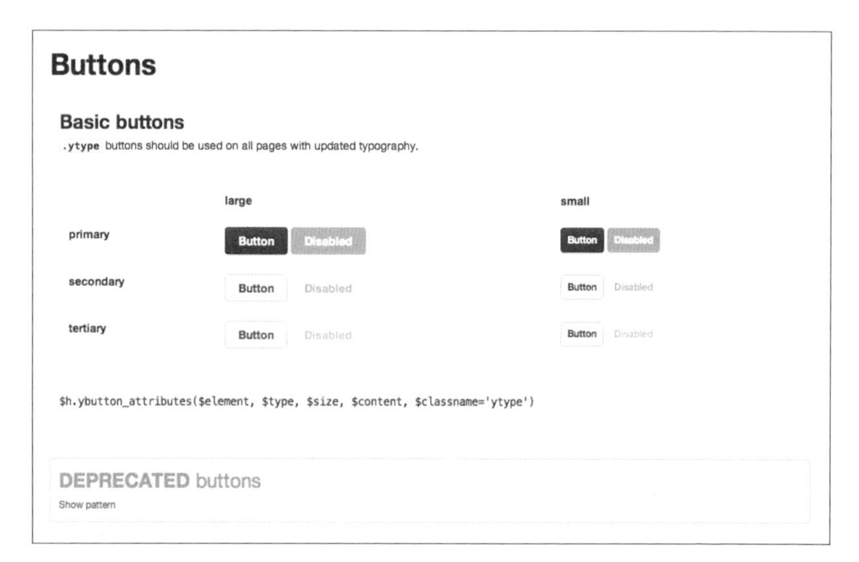

图 4-5：Yelp 的样式指南中有一个章节包含了按钮的用例，展示了如何正确使用主要、次要和第三重要的按钮，同时还有已经不推荐使用的过期按钮样式

标签应该方便复制和粘贴，这样未来的设计师和开发者可以更容易地实现相关设计。例如 Starbucks 的样式指南（http://www.starbucks.com/static/refer-ence/styleguide/）中包含了如何使用公司的图标字体的说明，HTML 和 CSS 的示例，以及每个图标的例子（图 4-6）。样式指南中可复用模式及资源的说明，应该尽可能简单和直观。

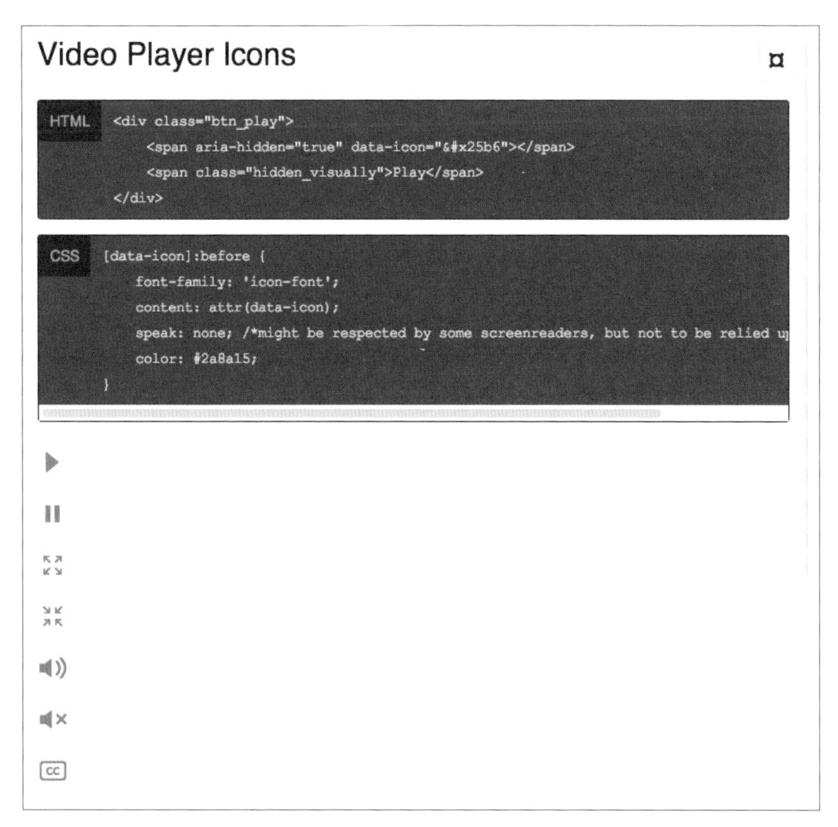

图 4-6：Starbucks 样式指南（http://www.starbucks.com/static/reference/styleguide/）包含了如何使用公司的图标字体的说明，HTML 和 CSS 的示例，以及每个图标的例子

易于理解的用例、方便复制和粘贴的标签以及美观的例子，可以方便人在网站上实现这些样式。保持文档直观的同时也要尽量详实。例如，以网络字体的用例为例，需要列举出可能使用的字重，如何高效地实施，以及它们的使用场景，如我们在 Etsy 的样式指南中所做的一样（图 4-7）。

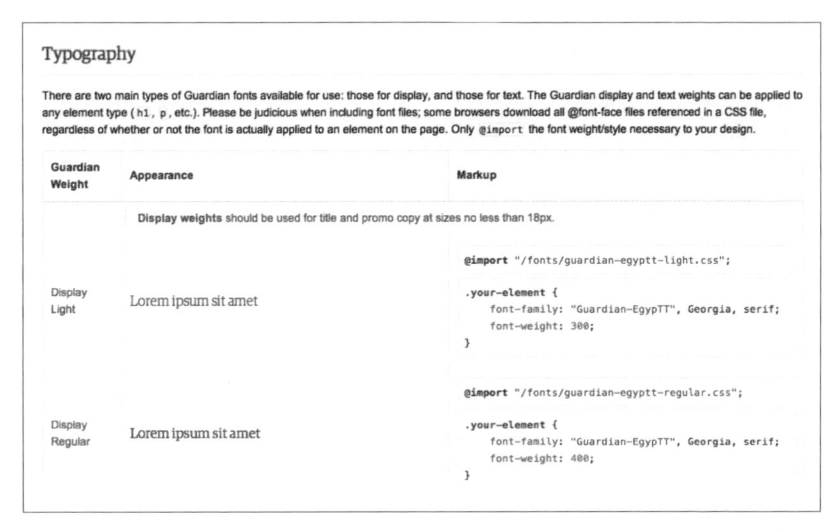

图 4-7：Etsy 样式指南中包含了 @font-face 的字号，何时使用多种字体的说明，以及可以直接粘贴使用的 CSS 代码

可复用的模式不仅可以节约页面加载时间，也可以提高设计和开发的效率。当网站的设计在未来发生变化时，很容易对特定样式的所有实例进行统一更新，因为它们共享相同的资源和样式。可复用的样式越多，样式及相关资源被缓存的机会就越大，样式表就会越小，网站的加载速度也就会越快。

4.5 关于HTML标记的进一步思考

在 HTML 标记和样式都整理完成后，还可以做一些其他的优化来改善页面加载速度，比如资源的加载顺序、压缩和缓存等。有意安排资源的加载顺序并了解它们是如何传输到浏览器的，可以帮助你改善网站的整体用户体验。

4.5.1 CSS和JavaScript加载

关于 CSS 和 JavaScript 加载有两条主要的规则：

- 在 <head> 中加载 CSS
- 在页面的最后加载 JavaScript

在 2.3.1 节中，我们已经了解了和关键渲染路径相关的内容，知道 CSS 会阻塞渲染。如果在页面底部含有样式表，会阻止浏览器尽快显示内容。如果样式发生变化，浏览器会尽量避免重新绘制页面元素；将样式表放在 `<head>` 中会让内容逐渐展示出来，因为浏览器已经拥有了渲染内容所需的全部样式信息，不需要进一步的查找。

尽可能地精简样式表文件的数量有助于减少网站发送的请求总数，会导致页面加载速度大幅加快。这意味着你需要尽量避免使用 `@import`，因为这会显著增加页面加载时间。CSS 文件越小越好，我建议无论在何处都用一个不超过 30 KB 甚至更小的样式表文件。对于大型网站来说，最好有一个文件包含全站通用的样式，然后再根据需要定义页面级别的专有样式。这样一来，全站通用的样式文件可以被缓存，用户只需要为每个页面下载一个很小的额外样式文件。

JavaScript 文件应该放在页面底部，并尽可能进行异步加载。这样页面的其他内容可以更快地展示给用户，因为 JavaScript 会阻塞 DOM 构建，除非被明确声明为异步加载。

当浏览器的 HTML 解析器遇到 `script` 标签时，它知道脚本内容可能会修改页面的渲染树，因此浏览器会暂停 DOM 构建，让脚本先完成它的工作。当脚本运行完成后，浏览器会从之前 HTML 解析器暂停的地方开始继续构建 DOM。将脚本调用移到页面底部，并将它们异步化，来优化关键渲染路径并消除阻塞渲染的问题，这样可以帮助提升页面的感知性能。

如果你没有将脚本写在 HTML 页面的行内，而是引用了一个外部 JavaScript 文件，浏览器就需要向你的服务器（如果你请求的是另一个网站的文件，那就是一个第三方服务器）请求这个文件。这个请求可能会花费数千毫秒的时间，而 HTML 解析器在继续渲染 DOM 之前会一直被阻塞。但是可以通过来给脚本添加 `async` 标记来告诉浏览器这个脚本不需要被立即执行，这样就不会阻塞内容渲染了：

```
<script src="main.js" async></script>
```

这样浏览器会继续构建 DOM，在脚本加载完成并准备好后再执行它。

对于异步脚本有一些小技巧可以遵循。在实现加载新内容的异步脚本时，需要注意对用户体验的影响。任何延迟加载的内容都会让页面的布局发生变化，引起内容的位置变化，让用户感到意外；可以在页面中放置占位内容来保持结构的稳定，使之不随加载而发生变化。

注意，异步脚本的加载顺序是不固定的，可能会导致依赖出错。根据内容不同，你也可以在异步加载内容时显示一个加载指示器，使用户了解还有内容没有被加载。还要注意的是，异步加载的内容可能无法与书签、后退按钮及搜索引擎等技术很好地协同工作；当优化关键渲染路径和用户体验时，需要牢记这一点。

诸如广告、社交分享按钮和其他小组件等第三方内容可能会对网站的性能产生影响。这些内容都应该异步加载，并且要确保这些外部资源不会发生单点故障。第三方脚本不仅会增加页面体积，同时由于它们保存在另外一个网站，需要进行额外的 DNS 查询和连接，因而会带来性能问题。同时，你无法控制第三方资源的缓存。

尽量不要使用第三方脚本。请求的数量越少，页面的性能就会越好。试着合并和精简脚本，可以通过复制、优化然后在自己的网站上保存第三方脚本来实现。尽量使用简单的链接替代社交分享的脚本。定期评估在页面上引入第三方资源的价值：它对性能的影响是否超过了它提供给用户的价值？

对于脚本性能，通过观察瀑布图来确保 JavaScript 文件在其他内容之后被加载，并且没有阻塞其他的下载或者重要内容的渲染。用来加载广告、社交分享和其他辅助内容的脚本，绝对不应该阻塞页面中其他内容的加载和渲染。

4.5.2　压缩和gzip

看见样式表文件中的空格、不必要的分号和数字前的零了吗？还有 JavaScript 文件中那些不必要的空格、空行和缩进？是时候对这些资源进行压缩了，在代码展示给终端用户之前将这些非必需的字符移除。压缩可以减小文件体积，这对提升网站性能大有好处。

可以使用命令行工具来压缩代码，也可以使用在线工具，如 CSSMinifier.

com（http://cssminifier.com）和 JSCompress.com（http://jscompress.com/）。图 4-8 中展示了将我自己的网站的 CSS 文件复制到 CSSMinifier.com 的工具中后，经过压缩、优化和缩减后的输出结果。输出结果比原始结果的体积缩小了 15%。

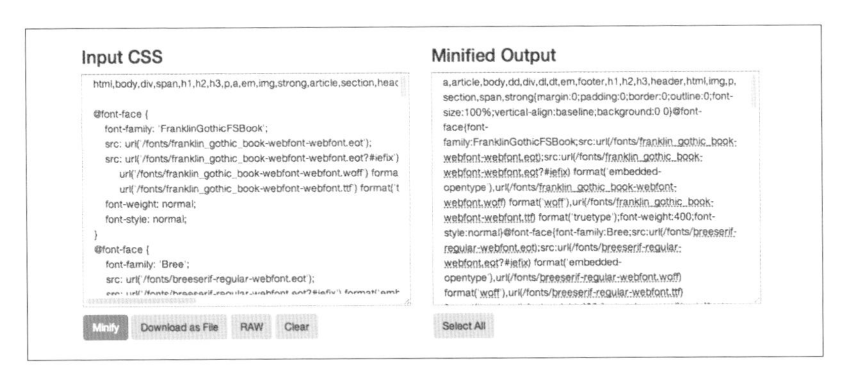

图 4-8：在这个例子中，展示了将我自己网站的 CSS 文件输入到 CSSMinifier.com 的工具中后，经过压缩、优化和缩减后的输出结果

你会发现，在检查某个网站压缩后的 CSS 时，很难在文件中定位到某个特定样式，因为压缩后的文件所有内容都在同一行中。确保保存了原始未经压缩的版本，因为当未来需要修改时，它比压缩后的版本更易阅读和修改。在网站上只使用压缩过后的版本，这样用户会下载到尽可能小的文件。

另一个压缩这些文本文件的方法是使用 gzip。gzip 是一个以特定算法来压缩文件的软件。gzip 的算法会查找文本文件中相似的字符串并替换它们，使文件整体体积缩小。浏览器知道如何解码这些被替换的字符串，并将内容正确地显示给用户。

需要在服务器上开启 gzip 以启用压缩。如何开启取决于你的服务器类型。

- Apache：使用 `mod_deflate`（http://httpd.apache.org/docs/current/mod/mod_deflate.html）。
- NGINX：使用 `ngx_http_gzip_module`（http://nginx.org/en/docs/http/ngx_http_gzip_module.html）。
- IIS：配置 HTTP 压缩（https://technet.microsoft.com/en-us/library/cc771003(v=WS.10).aspx）

gzip 对于样式表、HTML、JavaScript 和字体等文本文件是非常有用的。唯一的例外是 WOFF 格式的字体文件，因为它已经内建了压缩。

4.5.3 资源缓存

缓存对网站性能至关重要；被缓存的资源不需要再次向服务器请求，可以节省一次请求。缓存通过同用户浏览器共享缓存信息，来决定是直接从硬盘中显示之前下载过的文件（缓存），还是再次从服务器请求。

缓存信息是通过 HTTP 头来传达的，HTTP 头是在浏览器和服务器之间来回的请求的核心部分。HTTP 头中包含了很多额外的信息，诸如浏览器的 UA、Cookie 信息、编码类型和内容的语言等。响应头中包含的缓存参数有以下两种类型。

- 设置一个时间长度，浏览器在该时间内无需向服务器请求更新的版本，而直接使用缓存的资源（`Expries` 和 `Cache-Control: max-age`）。
- 设置资源的版本信息，浏览器可以用来同服务器上的版本信息进行对比（`Last-Modified` 和 `ETag`）。

你可以为所有可以缓存的资源设置 `Expries` 和 `Cache-Control: max-age` 其中的一个（不是同时设置二者），以及 `Last-Modified` 和 `ETag` 其中的一个（不是同时设置二者）。`Expries` 的支持性比 `Cache-Control: max-age` 更好。`Last-Modified` 是一个日期，而 `ETag` 可以是任意用来标识资源版本的唯一的值，比如文件的版本号。

所有静态资源（CSS 文件、JavaScript 文件、图片、PDF、字体等）都应该被缓存。

- 当使用 `Expries` 时，将过期时间设置为一年以内。不要将过期时间设置为超过一年，这样会违反 RFC 的指南。
- 将 `Last-Modified` 设置为文件最后一次修改的日期。

如果你刚好知道某个文件马上就会进行修改，也可以将过期时间设置得短一点。即便这样，将过期时间的最短值设置为一个月仍然是一个最佳实践。或者你也可以改变资源的 URL 参考，这样就可以破坏掉缓存机制，强制浏览器获取最新的版本。

关于如何在 Apache 服务器上开启缓存相关的功能，可以阅读 Apache 缓存指南（http://httpd.apache.org/docs/2.2/caching.html）。对于 NGINX 服务器，可以阅读 NGINX 内容缓存（http://nginx.com/resources/admin-guide/caching/）。

为了给用户提供卓越、快速的用户体验，在优化网站资源时有很多有效的手段可以利用，包括加载顺序、压缩和缓存等。在为网络连接状况更差的移动用户进行优化时，这些技术会显得愈发重要，特别是当你想要为不同屏幕尺寸的用户显示不同内容时。在下一章，我们将讨论如何针对小屏幕设备的内容进行优化，为移动用户创建高性能、优秀的用户体验。

第5章

响应式Web设计

移动互联网不再是“遥远的未来”。正如第1章提到的，全球有相当多的用户将手机作为上网的首选方式（http://slidesha.re/eW8wQ9）。人们现在主要使用手机上网，而手机有它特有的问题。面对移动互联网的大量延迟（参见1.2.1节）和硬件设备问题（诸如WiFi信号强度以及电池续航，参见1.2.3节），尽可能设计和开发高性能的网站比以往更加重要。我们的目标是为用户节省不必要的开销，并且为所有尺寸的屏幕优化感知性能。

响应式Web设计的挑战在于，很容易意外加载不必要的内容，比如过大的图片、没必要的CSS和JavaScript。因为创建一个响应式设计的网站时，经常会为优化小尺寸屏幕上的布局和内容而添加一些标记语言和功能，所以很多设计者和开发者甚至都没意识到他们的网站在移动设备上会传输同样大小（相较于桌面版）或者更大的页面，这一点都不稀奇。

许多响应式网站的创建者已经开始将上述问题纳入他们的决策考量：重新排列内容，选择隐藏或显示各种元素、设计灵活的层级策略等。还需要在这个响应式网站设计流程中再加一道流程：确保根据页面大小和请求量只传输必要的内容，不只是信息架构。

Guy Podjarny发现（http://www.guypo.com/uncategorized/real-world-rwd-performance-take-2/），目前大多数响应式设计的网站在不同屏幕尺寸的设备上所传

输的页面大小几乎是一样的。但这并非必须如此：响应式设计不是天生有性能缺陷，我们可以灵活地向用户传输内容。在设计响应式网站时仔细斟酌资源加载策略，就能创造出在任何尺寸的屏幕上都表现极佳的用户体验。

5.1 谨慎加载内容

我们在创建响应式网站时，为适配不同的屏幕尺寸，通常会添加更多的媒体查询，却容易忽略这可能会给用户增加额外的负担。这个问题在由桌面版设计改成小屏幕版设计时尤为突出，那些为桌面版呈现而优化的资源会如何变化？通常是一成不变，图片还是同样的大小（只是通过 CSS 缩小了视觉尺寸），字体的传输和实现也和桌面版一样。我们需要斟酌如何加载内容，并确保所传输的数据都是用户绝对需要的。

5.1.1 图片

页面中显示的图片大小不应该给用户带来任何不必要的负担。图 5-1 是打开了开发者工具的 Chrome 浏览器中 Google 首页的截屏。Google logo 的显示尺寸比它的实际尺寸小。

图 5-1：在这个例子中，我们可以看到 Google logo 的显示尺寸比实际尺寸小

这意味着用户加载了不必要的数据，因为浏览器下载了一个并不需要那么大来显示的图片。在 Chrome 开发者工具中选择一个图片，可以看到图片的显示尺寸和它的“原始”尺寸，这两个尺寸通常不一样（如图 5-2）。

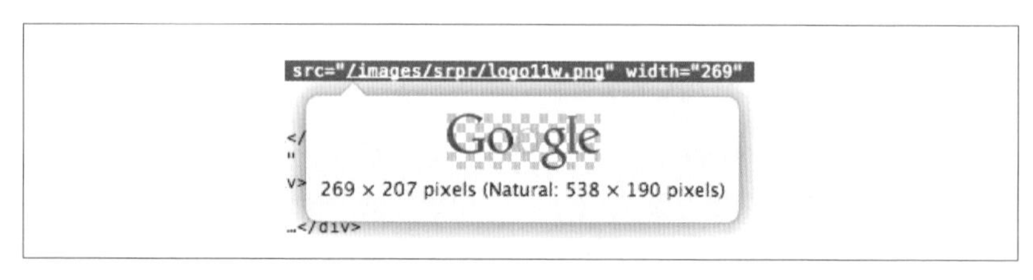

图 5-2：Chrome 开发者工具会告诉你一张图片的原始尺寸和显示尺寸

在图 5-2 中我们可以看到，Google 加载的可能是一张适用于视网膜屏的图片。由于视网膜屏显示时会填充两倍的像素到屏幕，设计者或开发者会用一张两倍于实际所需尺寸的图片，然后在浏览器中缩放到显示所需的尺寸，这样可以使图片在视网膜屏中看上去很清晰。不幸的是，这也使没有使用视网膜设备的用户加载了不必要的图片数据。

查看一下你网站的图片，看看是否可以选用合适的文件大小。告诉浏览器选择图片的方式有很多：RESS 方案、CSS 媒体查询以及新的图片标准。

RESS，即使用服务器端组件的响应式 Web 设计，是创建和选用合适尺寸图片的一种方式。通过在服务器端选择需要传输给用户的资源来优化性能，而不是在客户端优化。服务器可以从用户代理字符串中获取用户的屏幕尺寸、设备能力（比如触屏）等信息，从而做出智能的决策。类似 Adaptive Images（http://adaptive-images.com/）这样的工具可以检测出用户的屏幕尺寸，并根据事先定义的窗口大小自动创建、缓存和返回适当尺寸的图片（参见图 5-3）。Tom Barker 在 *High Performance Responsive Design*（O'Reilly）一书中列举了许多 RESS 技术及实现方法。

图 5-3：Adaptive Images 官网（http://adaptive-images.com/）的这个例子中，我们可以看到一张图片可以通过 Adaptive Images 工具生成不同像素高宽和文件大小的图片

但是，RESS 方案有许多弊端。RESS 不会响应客户端的尺寸变化（比如，如果用户将设备从竖屏转到横屏）。假设我们用 RESS 方案给用户提供了一张大小调整完美的图片。如果用户旋转了他的设备并且响应式设计的布局改变了，服务器不会发送一张新图片来适应新布局。这就是为什么媒体查询和新图片标准这些技术更适合解决响应式图片问题。

关于响应式设计中哪种显示合适尺寸图片的 CSS 方法最好，已经有大量研究，特别要感谢 Tim Kadlec（https://timkadlec.com/2012/04/media-query-asset-downloading-results/）和 Cloud Four（http://cloudfour.com/examples/media-queries/image-test/）。但是，在浏览器决定为含有 CSS 的页面加载哪张（些）图片时会发生意想不到的状况，这就是为什么测试网站的性能并确保用户的浏览器只加载必需的资源很重要。

比如，对一个元素简单地设置 `display: none` 不会阻止浏览器加载这张图片：

```
<div id="hide">
  <img src="image.jpg" alt="Image"/>
</div>
```

```
/*说真的，不要这样做。浏览器仍然会加载这张图片。*/

@media (max-width: 600px) {
  #hide  {
    display: none;
  }
}
```

将 `display: none` 用到一个设置了 `background-image` 的元素，这个背景图片同样会被加载：

```
<div id="hide"></div>

/*同样也不要这样做。浏览器仍然会加载这张图片。*/

#hide  {
  background: url(image.jpg);
}

@media (max-width: 600px) {
  #hide  {
    display: none;
  }
}
```

如果想要在一个响应式设计中用 CSS 隐藏一张图片，可以尝试隐藏有 `background-image` 元素的父元素：

```
<div id="parent">
  <div></div>
</div>

/*隐藏父元素。浏览器不会加载这张图片。*/

#parent div {
  background: url(image.jpg);
}

@media (max-width: 600px) {
  #parent {
    display: none;
  }
}
```

替代方案是，用不同的媒体查询告诉浏览器什么屏幕尺寸加载什么 `background-image`，浏览器会加载匹配媒体查询的图片：

```
<div id="match"></div>

@media  (min-width: 601px)  {
  #match {
    background: url(big.jpg);
  }
}

@media (max-width: 600px) {
  #match {
    background: url(small.jpg);
  }
}
```

注意，如果媒体查询重叠了，旧版浏览器会两个图片都加载。

如何用 CSS 设置视网膜屏图片呢？对大多数浏览器而言，我们可以用媒体查询指定视网膜屏版来确保只加载视网膜版图片。

```
<div id="match"></div>

#match {
  background: url(regular.png);
}

@media (-webkit-min-device-pixel-ratio: 1.5),
  (min--moz-device-pixel-ratio: 1.5),
  (-o-min-device-pixel-ratio: 3/2),
  (min-device-pixel-ratio: 1.5) {
    #match {
      background: url(retina.png);
    }
}
```

很不幸，像素比大于等于 1.5 的、运行 Android 2.x 的设备会加载两种版本的图片（regular.png 和 retina.png），但 Kadlec 在他的文章（https://timkadlec.com/2012/04/media-query-asset-downloading-results/）中提到，你不太可能会遇到一个运行 Android 2.x 的视网膜屏设备。

在现代浏览器中，显示适当尺寸图片最好的办法是利用 HTML 的 picture 元素。目前有 Chrome 38、Firefox 33、和 Opera 25 支持 picture 元素，它还是新的图片标准的一部分（https://html.spec.whatwg.org/multipage/embedded-content.html#the-picture-element）。这个新标准让你可以告诉浏览

器加载哪个图片文件，以及何时加载，它还对不支持 picture 元素的浏览器有向后兼容。

下面这个例子中，picture 元素用媒体查询来决定该加载哪个图片文件。以从上到下的顺序，第一个匹配的 source 就是浏览器要加载的资源：

```
<picture>
  <source media="(min-width: 800px)" srcset="big.png">
  <source media="(min-width: 400px)" srcset="small.png">
  <img src="small.png" alt="Description">
</picture>
```

看看这有多么神奇。我们不但可以通过匹配媒体属性告诉浏览器加载哪个图片，还可以让不支持 picture 元素的浏览器加载一张低分辨率的图片。Picturefill（http://scottjehl.github.io/picturefill/）是为目前尚不支持 picture 元素的浏览器提供支持的"腻子脚本"（polyfill），所以你现在就可以用 picture！有一条很好的经验法则：定义在同一个 picture 元素里的所有图片应该可以用相同的 alt 属性描述。

合适的时候，你也可以用 picture 元素设置视网膜屏图片！

```
<picture>
  <source media="(min-width: 800px)"
    srcset="big.png 1x, big-hd.png 2x">
  <source media="(min-width: 600px)"
    srcset="medium.png 1x, medium-hd.png 2x">
  <img src="small.png" srcset="small-hd.png  2x"
    alt="Description">
</picture>
```

在这个例子中，srcset 告诉浏览器不同像素密度对应的图片。再一次，我们通过精准地告诉浏览器加载并显示哪张图片，为用户节省了加载开销。

picture 元素还有一个强大的 type 属性：

```
<picture>
  <source type="image/svg+xml" srcset="pic.svg">
  <img src="pic.png" alt="Description">
</picture>
```

我们可以告诉用户的浏览器，如果不能识别 type 属性值的内容，就忽略这个图片资源。在这个例子中，能识别 SVG 的浏览器会下载这个 SVG 文件，其他的会下载备选的 PNG 图片。我们又一次通过精准地告诉浏览器加载并显示哪张图片，为用户节省了不必要的页面负载。

如果是流式设计呢？或者，如果你只有一堆不同的图片尺寸，并且想要用户的浏览器不需列出指定的视口尺寸或屏幕分辨率就可以选择最合适的资源，该怎么办呢？图片标准也可以帮上忙——使用 `sizes` 属性，它的语法如下：

```
sizes="[media query] [length],
       [media query] [length],
       etc...
       [default length]"
```

`sizes` 属性中的每个媒体查询对应一个图片在页面中显示的长度，相对于视口尺寸。即如果长度是 `33.3vw`，浏览器就会将图片显示为视口宽度的 33%。如果长度是 `100vw`，浏览器会将图片显示为视口宽度的 100%。这个公式帮助浏览器为用户选择最合适的图片。

`sizes` 很巧妙，因为在确定加载正确的图片之前，它会查看每个媒体查询。在这个例子中，我们可以告诉浏览器，在更大的屏幕中，图片会显示为视口宽度的 33%，但图片默认宽度是视口宽度的 100%：

```
sizes="(min-width: 1000px) 33.3vw,
  100vw"
```

浏览器通过图片的 `srcset` 列表来查看它们的外形尺寸。我们可以在列表中以 `image.jpg 360w` 这种语法告诉浏览器每个图片的宽度，这里 `image.jpg` 是图片文件的路径，`360w` 指明了这张图片的宽度为 360 像素：

```
<img srcset="small.jpg 400w,
        medium.jpg 800w,
        big.jpg 1600w"
      sizes="(min-width: 1000px)  33.3vw,
        100vw"
      src="small.jpg"
      alt="Description">
```

有了 `srcset` 中的图片列表和 `sizes` 中的显示宽度列表，浏览器就可以基于媒体查询和视口尺寸选择最佳图片来加载并呈现给用户。这在你使用内容管理系统时也派得上用场，让 CMS 系统生成图片的资源和代码。用这种方式，CMS 用户只需上传一个版本的图片，而无需担心它在不同尺寸屏幕中的显示问题。注意，正如这个例子中所演示的那样，我们不用 picture 元素也可以使用新的图片标准！

我们可以配合使用这个新标准的各个方面，以增强浏览器选择最佳图片来加载和展示的能力。我们也可以给不同尺寸的屏幕提供不同裁剪的图片，也可以给高像素密度的设备提供经视网膜屏优化过的图片，让浏览器可以基于媒体查询选择正确的图片。这一切都有利于提升性能。

5.1.2　字体

字体文件会给网站带来巨大的额外开销，因为它们需要额外的请求并且增加了页面大小。正如 4.3 节中所讨论的那样，尽可能优化字体文件性能的方法有很多。可以考虑在你的响应式设计中，只在大屏场景下加载自定义字体文件。我们在 Esty 就是这么做的，这样就能让移动设备用户避免加载额外的字体文件。

怎么实现呢？在内容中设置普通的备选字体，然后用媒体查询只为大屏设备设置网络字体：

```
@font-face {
  font-family: 'FontName';
  src: url('fontname.woff') format('woff');
}

body {
  font-family: Georgia, serif;
}

@media (min-width: 1000px) {
  body {
    font-family: 'FontName', Georgia, serif;
  }
}
```

这样就会只在用户设备匹配媒体查询时加载使用网络字体。所有浏览器（IE8 以及更低版本除外）都会仅在需要时加载字体文件。IE8 以及更低版本会下载页面的 CSS 文件中引用的所有 @font-face 文件，即便在页面中没有用到。

5.2 方案

在实际的设计和开发过程中，会有许多网站的响应式设计方面的决策，在开始工作之前，最好花点时间考虑一下整体方案以及它对性能有何影响。把性能作为项目文档的一部分，以移动优先的角度看待网站，确定如何通过媒体查询衡量网站的性能，这些有利于创建一个反应迅速、响应式设计的网站。

5.2.1 项目文档

尽可能将性能纳入所有项目的文档。（不仅仅是响应式 Web 设计！）在一个响应式设计网站中，你会制定性能基准，并持续衡量相同标准的性能指标，比如页面总大小、页面总加载时间、用 Speed Index 计算的感知性能等。除此之外，你还要为不同的设备和媒体查询设立不同的目标，而不仅仅是整体页面的平均值。

7.3 节中会介绍一些在开发过程中在网站速度上做出让步的方式。通过设置一个性能预算，就能够在权衡美感和性能时做出让步。许多响应式设计都会做出同样的让步，可能你想要在某个媒体查询中用一张大图片，但这超出了预算，所以你需要裁减额外的字体负载来省出时间。表 5-1 是一个响应式设计的性能预算示例。

表5-1：响应式设计性能预算示例

性能指标	目　标	备　注
页面总加载时间	2 秒	适用所有窗口大小
页面总大小	500 KB	`min-width`：900 px
页面总大小	300 KB	`max-width`：640 px
Speed Index	1000	适用所有窗口大小

在项目文档中设置一些关于如何针对任何设备避免不必要的页面大小或请求的预期。另外，要明确指出你会为每个媒体查询或屏幕尺寸衡量这些性能指标，以及你的目标是什么，如表 5-1 所示。这些性能预算可能有一些模糊。比如，如果旋转设备使它切换了预算场景该怎么处理？有必要设一个基准线，以表明性能的重要性，并给项目中的所有人设置预期。记住，这

不仅对移动用户有利，对桌面用户同样有利。

5.2.2 移动优先

任何网站以移动优先原则来设计都会有很多好处，这会促使你做以下事情。

- 预先凸显关键问题（“这个页面的核心目的是什么？”）。
- 为用户提供最重要的功能和内容。
- 建立设计模式以及它们在不同尺寸的屏幕上会如何变化。
- 从无障碍访问的角度考虑网站（“在低网速或低端设备上的可访问性如何？”）。

以移动优先的方案切入，可以避免许多设计者和开发者在尝试将一个桌面版体验改造到移动设备时产生的格格不入之感。可以通过添加功能、引入更强大的动画和样式，以及利用更新设备的特性等方式渐进式地增强网站，在添加的时候要注意对性能的影响。

移动体验不应该是草率的，而应该是经过深思熟虑的，设计者和开发者应该利用网站运行的每个平台的优势，并认识到它们的限制。移动不是桌面的附庸，反之亦然。内容同等并不意味着每个平台的体验应该是一样的，在设计开发时应考虑用户的需求。

移动优先会迫使你更早地问自己用户的核心需求是什么，并将有利于提升网站的性能。了解用户的意图将会帮助你把注意力集中在应该给他们传输什么类型的资源上。一个仔细为小屏幕斟酌功能与内容架构的方案，会帮助你减少页面大小和请求数量。首先考虑网站最重要的内容和资源，而不是通过媒体查询来处理小屏幕，会极大地帮助你掌控性能。

在响应式网站设计中，应优先考虑最小尺寸的屏幕，优先为小尺寸屏幕样式编写 CSS，然后以渐进式增强的方式为更大的屏幕添加内容和功能。传输大小合适的资源，确保没有滚动闪避，并且尽可能提高核心功能的响应速度。然后，可以决策如何在大屏幕上使用更大的资源，重新排布内容，并在总体用户体验中持续斟酌性能。

5.2.3 衡量一切

我们在第 6 章会介绍在迭代和测试设计的过程中如何持续地衡量性能，这些策略在所有网站中都会用到，但在衡量一个响应式设计时，还有一些额外的考虑。

首先，要确保每种场景都只加载合适的内容，有 72% 的网站（http://www.guypo.com/uncategorized/real-world-rwd-performance-take-2/）在所有屏幕尺寸下都是一样的响应式设计，请不要成为其中一员。

有能力的话，就实现一套可以测量每种选定场景的页面总大小的自动化测试。Tom Barker 的 *High Performance Responsive Design* 一书中有一章专门讲述了可持续的 Web 性能测试，介绍了如何实现衡量每种场景下性能的 Phantom JS 测试，包括 YSlow 总分和页面总大小。

也可以手动测试这些，用 Chrome 开发者工具模拟一台设备，然后用资源面板查看那台设备加载的是哪张图。下面是一个基于场景选择不同图片的媒体查询的例子：

```
@media (min-width: 601px) {
  section {
    background: url(big.png);
  }
}

@media (max-width: 600px) {
  section {
    background: url(small.png);
  }
}
```

不仅要确保加载正确的图片，还要确保非该场景使用的图片没有加载。我用 Chrome 开发者工具禁用缓存模拟 Google Nexus 10 来匹配大屏的媒体查询（如图 5-4），模拟 Google Nexus 4 匹配小屏的媒体查询（如图 5-5）。

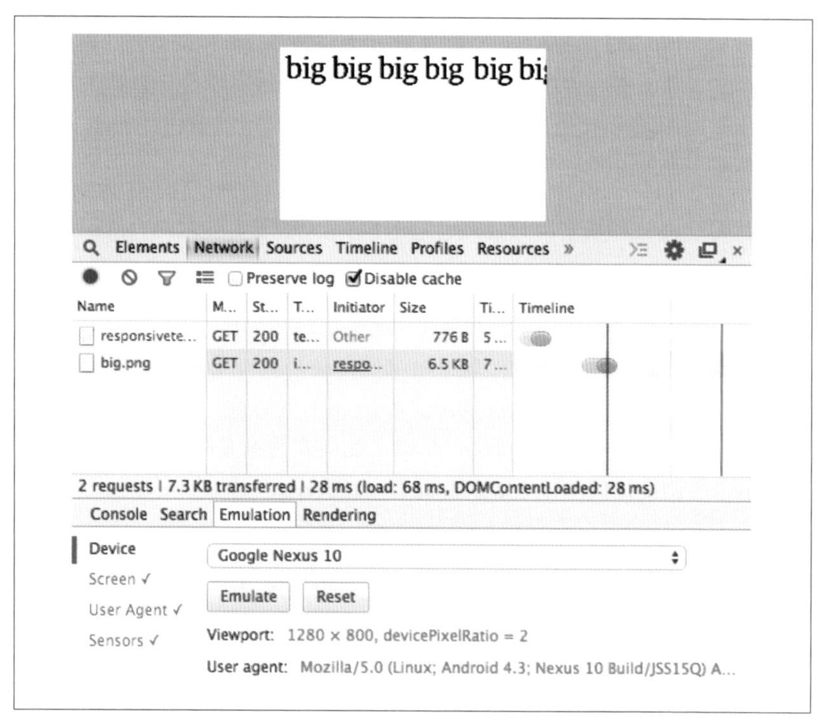

图 5-4：这个例子中，我模拟了 Google Nexus 10 来看会加载哪张图。在网络面板中，我们可以看到加载的是 big.png

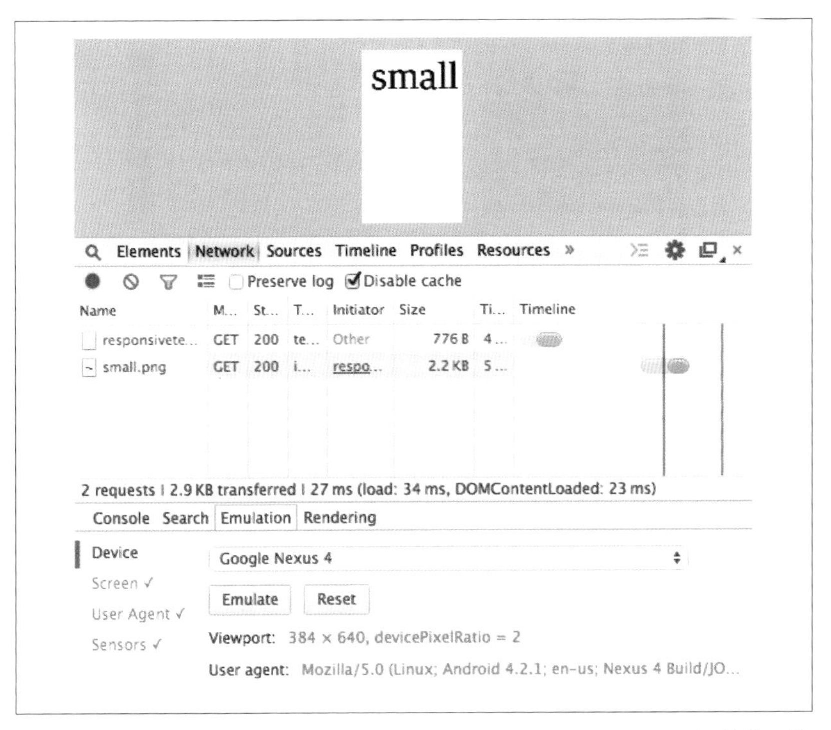

图 5-5：模拟器切换到 Google Nexus 4 之后刷新页面，可以看到加载的图片是 small.png 而不是 big.png

每个模拟的设备都正确地加载了所需的图片，我们也可以看到页面总大小的变化：大屏设备是 7.3 KB，小屏设备是 2.9 KB。继续查看项目计划中每个场景下的资源和页面传输的总大小，确保它们符合你的目标。

要衡量每个场景下的页面总加载时间和 Speed Index，可以用 WebPagetest 的相应下拉列表切换浏览器（如图 5-6）和连接速度（如图 5-7）。

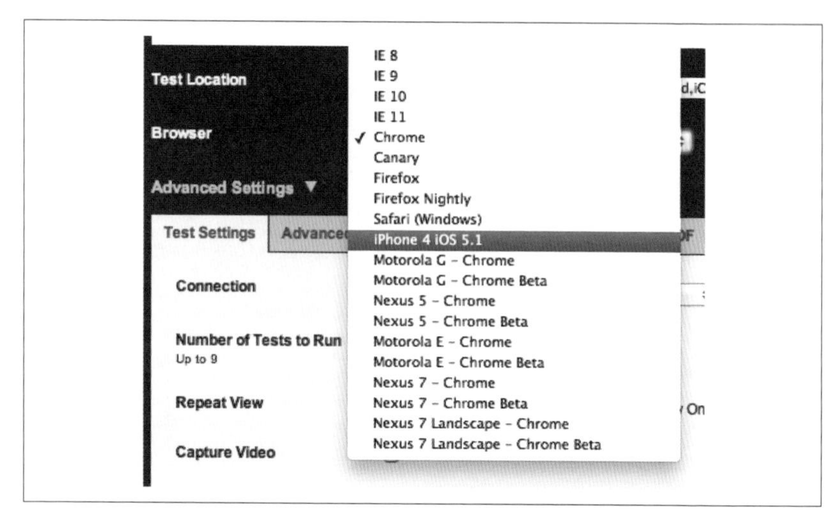

图 5-6：在 WebPagetest 测试中，可以选择各种各样的移动浏览器

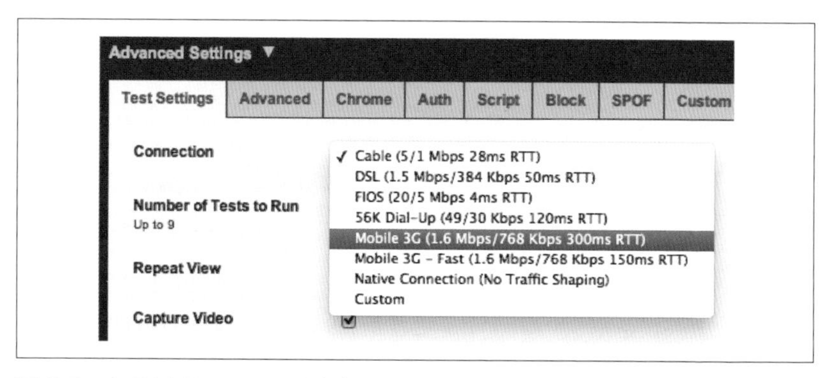

图 5-7：在 WebPagetest 测试中，可以选择各种各样的模拟网速

在 WebPagetest 所在地弗吉尼亚杜勒斯，浏览器下拉列表中包含一些移动浏览器。这个测试点包含了物理设备，比如 iPhone 4 和 Nexus 5，你可以在上面测试。

在连接下拉列表中列出的不同连接是用流量调整创建的。这意味着 Chrome 开发者工具会模拟用户在这种连接类型中可能的体验，但每次测试的结果都是一样的，因为测试实际上是在 WiFi 中进行的。

比较每个场景的结果，以确保页面总加载时间和 Speed Index 符合或超出项目文档中列出的目标。

本书中的其他技术也会帮助你优化响应式设计的性能。当你设计响应式网站时，务必仔细思考用户会加载什么资源。为每种场景设置一个性能预算，并且以移动优先的方式设计和开发这个网站。若想深入了解如何优化响应式网站前后端性能，推荐看一下 Tom Barker 的 *High Performance Responsive Design*。

在工作中，随着网站的变化要一如既往地收集性能数据，这会帮助你掌控页面的加载时间。在下一章，我们会介绍记录网站性能的工具和惯用做法，以便你对网站的用户体验有一个全面的了解。

第6章

性能评估与迭代

性能基准测试不仅对理解用户体验的现状很关键，也对未来如何改善性能有指导意义。例行检查页面的速度指标，如主要页面的总加载时间、总大小以及感知性能指标 Speed Index，你将可以看到网站是否变慢了（最好还能知道为什么）。表 6-1 列出了用于测试网站性能的主要工具，其中大部分在本章都会介绍。

表6-1：基准概览

工　具	类　型	基准测试	测试时机
YSlow	浏览器插件	全面评级，推荐	开发时，然后每个季度一次
Chrome 开发者工具	浏览器插件	推荐，瀑布图，每秒帧数	开发时，然后每个季度一次
WebPagetest	综合测试	全面评级，推荐，瀑布图，Speed Index	每次有大的更改或试验时
Catchpoint、Gomez、wpt-script 等	综合测试（趋势统计）	网站性能的变化趋势	每月一次
Google Analytics、mPulse、Glimpse 等	真实用户监控	大量用户统计数据的加载时间中位数	每周一次

随着网站的成长与变化，会有很多因素导致性能的提升或下滑，很有必要用浏览器插件、综合测试以及真实用户监控等方式来跟进这些性能指标的

变化。

6.1 浏览器工具

要看网站的基本加载时间（第 2 章）如何，可以在开发时用浏览器插件测试。YSlow 和 Chrome 开发者工具可以帮你看到网站是否符合关键的性能优化原则。

6.1.1 YSlow

正如 2.2 节中提到的，YSlow（https://developer.yahoo.com/yslow/）是一个非常优秀的用于查看页面总资源大小的工具。YSlow 是一个浏览器插件，可用于 Firefox、Opera、Chrome 和 Safari，可以通过命令行调用，也可以作为一个书签工具。除了检查页面不同资源的文件大小，YSlow 还会推荐一些缩短页面加载时间（如图 6-1）的基本方法。

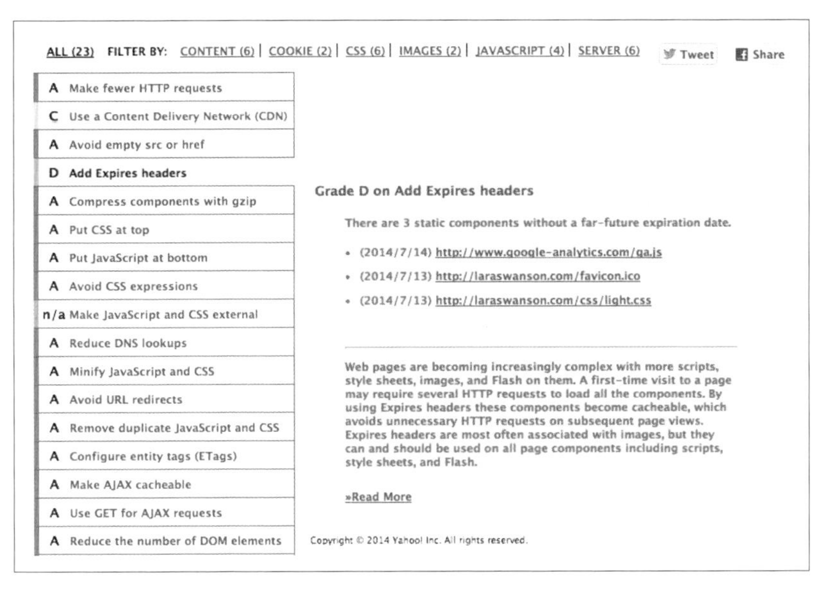

图 6-1：YSlow 会给你一些优化性能的建议，包括加载顺序、压缩以及缓存

看一下 YSlow 给你的推荐。在这个例子里，我按它的建议添加了超时请求头，看看会应用到哪些文件。通过这个建议，我很容易看出哪些资源需要

添加缓存，这里，我可以忽略关于缓存 Google Analytics 脚本的部分，因为它是由第三方（Google）提供的，缓存规则不由我掌控。

> **说 明**
>
> 查看任何工具自动生成的推荐时，要记住你才是最了解网站的人。你会发现一些建议并不不适合你的网站，也许你知道你的优化方式给用户创造了最好的体验，也许一些优化建议是针对你无法掌控的第三方脚本的，或者你知道某一个优化建议并不适用于你团队的开发流程。务必阅读完每一条推荐，看看是否适用于你的网站，如果这些建议并不完全适用，也不必担心，Web性能优化是没有万全之策的。

YSlow 会给你一个整体的性能评分，这可以当成一个长期的优化目标（如图 6-2）。持续跟进这个分数，并且在你迭代更新网站的设计、内容、后端等时定期地检查一下这个分数的变化，确保你持续跟进最新的性能优化进展。可以拿这个分数以及这些优化建议到 PageSpeed Insights 上做个比较（https://developers.google.com/speed/pagespeed/insights/），这也是 Google 的一个在线 Web 性能分析工具。

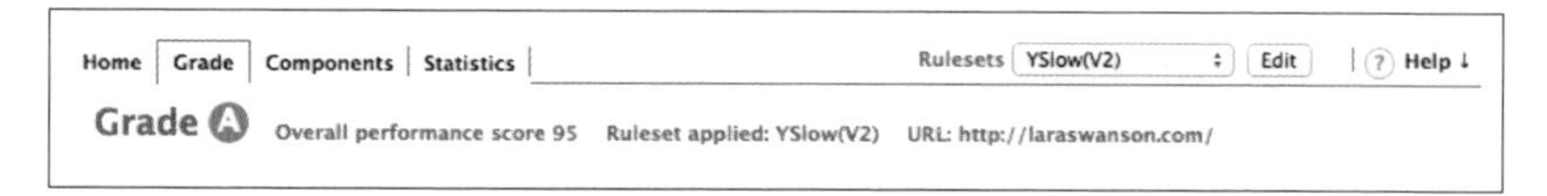

图 6-2：YSlow 会对你的页面性能进行评级，随着网站的成长以及优化建议的变化，你应该定期查看

可以在开发新页面或对现有网站进行修改时用 YSlow 检查一下，或者每三个月检查一次，看一切是否稳定如初，然后比较一下前后的性能评级和优化建议。

6.1.2 Chrome开发者工具

要进行更深入的优化，可以打开 Chrome 开发者工具运行网页性能审查。开发者工具会分析页面并给你一些基本的性能优化提示（如图 6-3）。这里提到的浏览器插件提供的建议会有一些重叠，你需要像在其他插件中那样查看开发者工具中的每一条建议，以确认它们是否适用于你的网站。

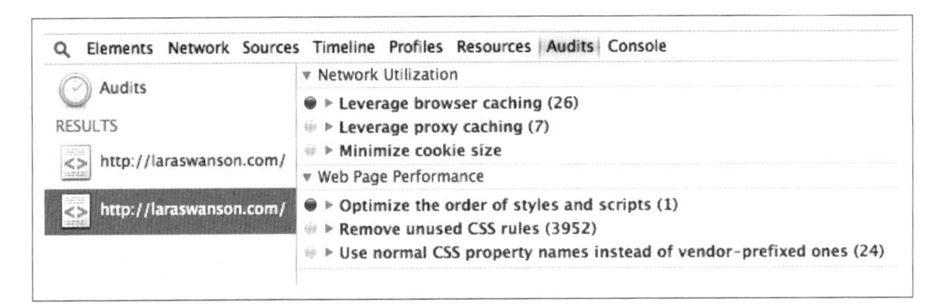

图 6-3：Chrome 开发者工具可以对页面运行一次审查，并给你一些基本的性能优化提示

检验了开发者工具提供的基本优化建议之后，查看一下网络标签（如图 6-4）。这一标签会显示开发者工具打开时，页面发起资源请求的时间线，这有助于你在开发网站时收集信息瀑布流。

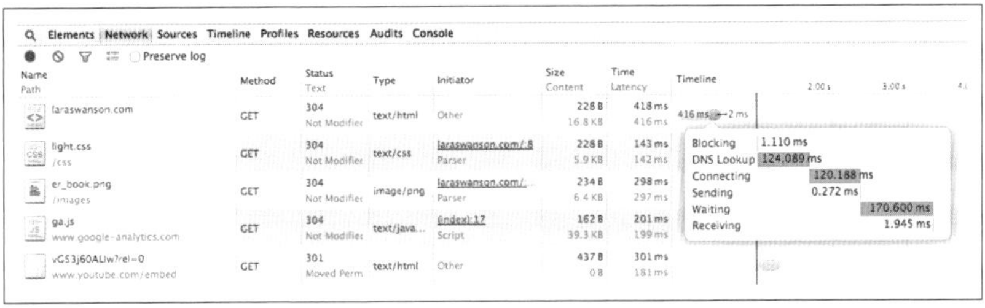

图 6-4：Chrome 开发者工具网络标签显示了打开开发者工具之后，页面发起的资源请求时间线，有助于你开发网站时收集信息瀑布流

网络标签相当好用，它可以帮助你查看关键路径受到什么影响，查看哪个资源加载时间过长，以及每个请求的延迟类型是什么。你也可以看到 Cookie 信息，可以按资源加载时间或延迟来排序，可以用请求类型过滤。可以在网络标签里随意看看，确保关键渲染路径是合理的，并且没有任何请求需要很长的时间来完全加载。

Chrome 开发者工具还有助于识别卡顿。在渲染工具窗口打开 FTP（Frames Per Second，每秒帧数）标尺（如图 6-5），可以查看网站页面的哪个区域会引起每秒帧数的下降，这是感知性能的一个量化数据。

图 6-5：Chrome 开发者工具可以用 FPS 标尺帮助你识别页面的哪个区域引起卡顿

在 Etsy，我们发现我们的一个页面会在用户向下滑动时产生卡顿。我们用这个 FPS 标尺来定位问题区域（在我们的案例中，在一些元素上过多的 `box-shadow` 会引起卡顿），以便修复并消除滚动时的卡顿。我们发现解决这个问题对相关指标的统计数据有显著的正面影响。你可以在开发一个新设计或特性时，用 Chrome 开发者工具的审查建议、网络标签以及渲染工具查看一下你的网站，在那之后就可以每个季度查看一次。

现在你可以用各种各样的浏览器插件检查你的网站，完整地实施它们的建议，对网站的时间线和帧率做抽样检查，所以是时候用更多的浏览器和地理位置获取一个更加真实的性能基准集了。

6.2 综合测试

用浏览器插件检查了你的网站之后，最好了解一下网站在你自己的浏览器和地理位置之外的表现。综合性能工具能帮你更好地了解网页在第三方测试位置和设备上的加载；你能看到网站在全世界各种平台上的表现。

在迭代和优化网站设计时，用综合测试设置一个性能指标基线。综合测试并不代表用户访问你网站时的真实体验（这个用真实用户监控最好），但是它比你只在自己的浏览器上测试要好。

WebPagetest（http://www.webpagetest.org/）是一个非常流行的、文档充足的、健壮的综合性能测试解决方案。你可以通过 WebPagetest（如图 6-6）获取到网站表现的诸多细节。

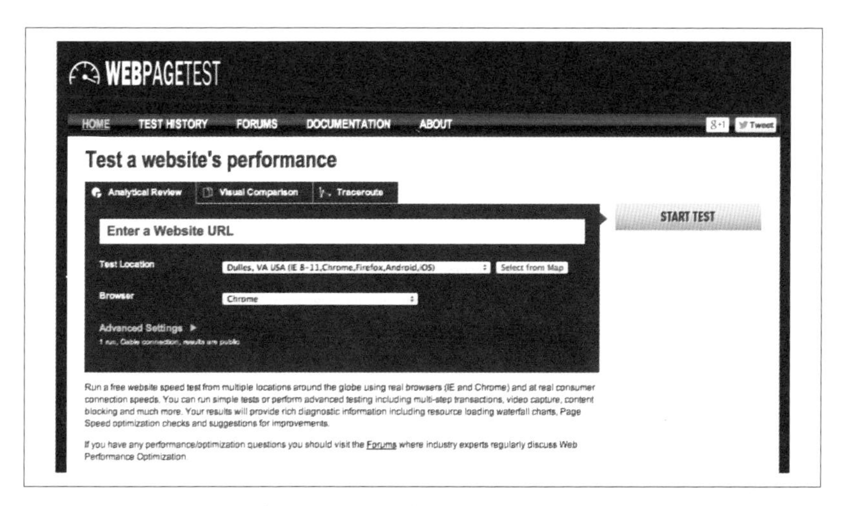

图 6-6：WebPagetest 提供了免费的来自世界各地各种浏览器的速度测试

在 WebPagetest 用默认设置运行测试时，会有一个第一视图和二次视图，以便你比较资源缓存前后的加载时间。测试默认是电缆连接。你可以在高级设置（如图 6-7）中设置更多的运行次数。我建议设置为 5 次，WebPagetest 会在结果报表中分别使用第一视图和二次视图的中位数。

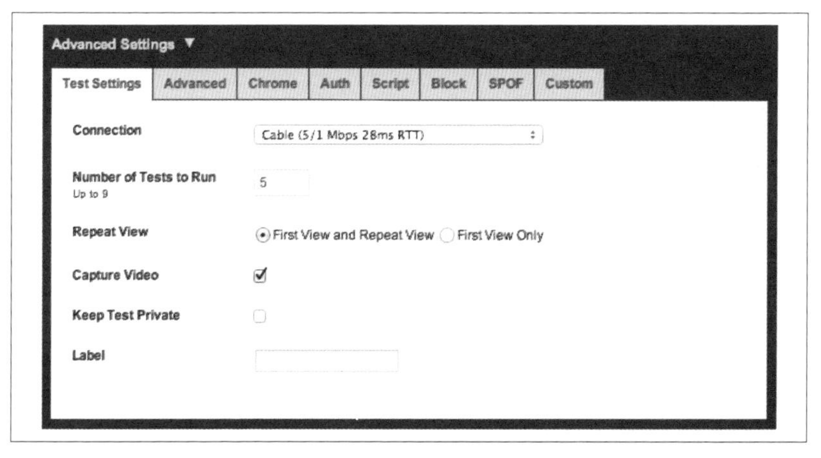

图 6-7：WebPagetest 的高级设置可以设置更多的运行次数，不同的连接类型，以及很多其他测试设置，比如禁用 JavaScript 或者让某个特定主机失效

WebPagetest 会将这些结果保存一年，以便你在优化网站页面加载时间时与之前的测试结果对比。如果你创建一个 WebPagetest 账号，就可以看到你自己独立于其他人的测试。你也可以拥有一个私有的 WebPagetest 实例（https://sites.google.com/a/webpagetest.org/docs/private-instances）！私有实例的好处包括测试一个开发中（非线上）网站的能力，这非常有利于将性能考量并入设计开发流程中。你可以用私有实例自动测试（https://github.com/etsy/wpt-script）以便节省你自己的时间。

WebPagetest 提供页面性能优化建议，类似于 PageSpeed 和 YSlow。点击测试结果视图上方的 Performance Review 链接，可以查看测试结果的细节（如图 6-8）以及页面可优化的空间。

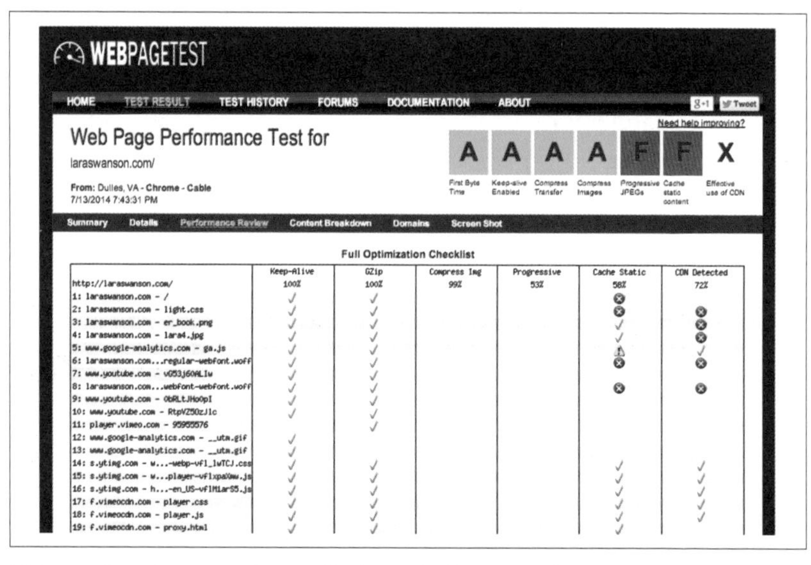

图 6-8：WebPagetest 提供各种性能指标的评级和缩短页面加载时间的优化建议

除了监控 WebPagetest 的 Performance Review 以及 First Byte Time 和 Compress Images 的分数外，检查一下你的瀑布流。查看瀑布流时，注意找出那些特别耗时的请求，如图 6-9 所示。这些可能是偶然结果，这也是为什么一次运行多次测试然后查看平均结果会更好。它们也可以指出文件大小或内容阻塞方面的问题。

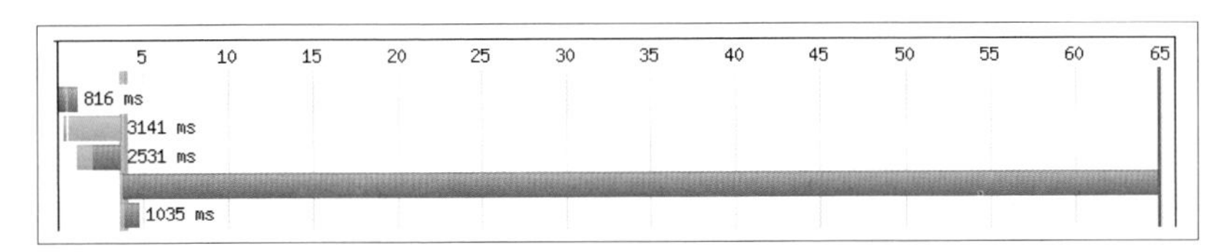

图 6-9：用 WebPagetest 查看页面的瀑布流时，找出那些加载特别耗时的请求

看一下如何创建一个漂亮的、简短的页面瀑布流，也看一下 WebPagetest 的 Speed Index 总分。2.3.3 节介绍过，Speed Index 是页面可视部分显示的平均耗时。它会帮助你测试页面的感知性能，因为它会告诉你“第一屏页面”的内容要多久才能呈现给用户。

比较两个测试结果时，WebPagetest 会创建一个图表，展示随着时间推移可视区域的渲染进度。在图 6-10 中，我们可以看见起初 Bing 的可视区域渲染得比 Google 快，但之后 Google 的页面渲染更快一些。

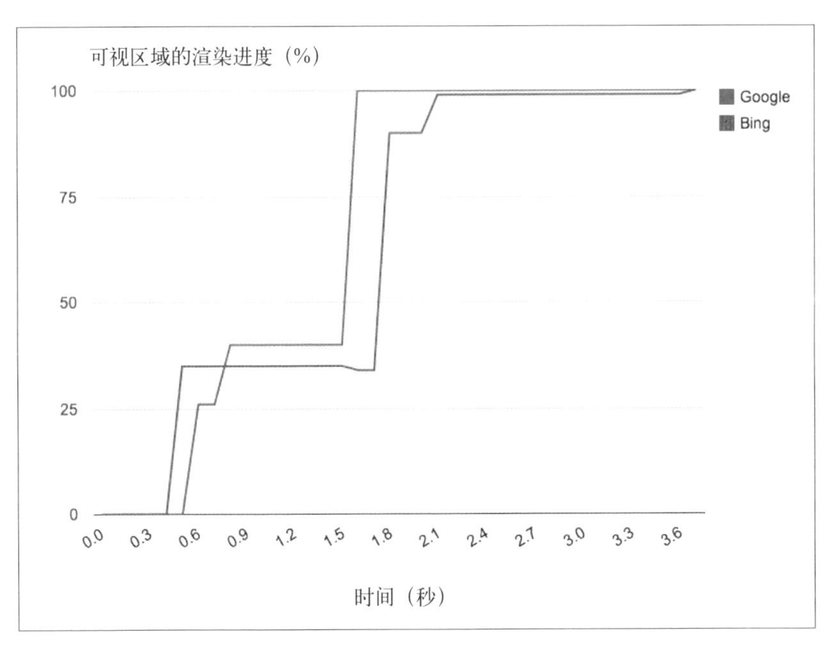

图 6-10：WebPagetest 的 Speed Index 总分指示页面可视部分完全显示的平均时间。比较两个 WebPagetest 测试时，可以看到一个表示可视区域显示进度的图表

在图 6-10 中，Google 的 Speed Index 分数为 1228，Bing 的分数为 1393，这个分数越小越好。务必为你自己的页面设置一个 Speed Index 分数基准，并且随着网站的变化持续地评估这项指标，因为这是页面感知性能非常重要的指标。

务必也测试首字节时间、页面完全可见的时间，以及页面用 WebPagetest 完全加载完成的时间。比较不同浏览器和地理位置的 WebPagetest 测试结果来观察这些指标的变化。找出那些加载时间过长或者关键路径可能阻塞的异常点（更多内容详见 2.3.3 节）。

当你在迭代一个设计或者优化网站性能时，用 WebPagetest 来测试优化前后的结果。务必使用 WebPagetest 的幻灯片视图或者视频来对比页面加载时间在一段时间内的变化。每次你的网站有大的修改或者运行试验时也用 WebPagetest 测试一下。

像 WebPagetest 这样的综合测试工具非常适合在优化网站性能时用来设定性能基准，以及监控网站在一段时间的变化对页面加载时间和感知性能的影响。在对性能基准和这些性能基础的迭代驾轻就熟之后，就可以着手实现真实用户监控了，看看用户每天在你网站上的真实体验。

6.3 真实用户监控

真实用户监控（Real User Monitoring，RUM）会捕获你网站的网络流量，以便你分析页面实际耗费多长时间加载给用户。真实用户监控工具能为你提供用户在体验你的网站时遇到的实际问题，而不像综合测试，给你单一的来自自动服务的数据点。

有大量的真实用户监控工具，它们的价格、功能和适用范围都不尽相同。Google Analytics（http://www.google.com/analytics/）、mPulse（http://www.soasta.com/products/mpulse/）以及 Glimpse（http://www.catchpoint.com/products/glimpse-real-user-measurement/）都是真实用户监控工具，你可以对比一下看哪个适合你的网站。

选好真实用户监控工具之后，看一下在一段时间内你网站的主要页面在用户面前的表现。首页、高频着陆页、任何类型的付款流程，以及网站中其他访问量较高的重要区域，应该包含在你的主要报告中。查看这些页面的用户加载时间时，用不同的方式分割数据以便对终端用户的体验有更全面的了解。

- 地理位置（离数据中心的距离近/远，主要用户所在的区域）
- 网络类型（移动网络、WiFi 等）
- 页面总加载时间的中位数以及第 95 个百分位的值

为什么是 95%？

第 95 个百分位是另一种阐述网站性能痛点的方式。中位数会让你大体了解用户访问页面所需的加载时间，但第 95 个百分位指标对确保绝大部分用户有一个绝佳的体验非常重要。第 95 个百分位是页面访问最慢的 5%，但 5% 仍然是你的用户基数中很重要的一部分。在 RUM 中，第 95 个百分位是衡量用户网络连接有多慢的一个标尺，较慢的连接总是会被归到较高的百分位。需要注意的是，Google Analytics 提供页面的平均加载时间，而不是百分位。

有了这些数据，就可以开始分析不同用户群体之间的差异，如图 6-11 所示。页面加载时间中位数和第 95 个百分位有什么不同？网站在其他国家的用户面前表现如何？移动设备用户感觉如何？最主要的 5 个页面的加载时间有显著不同吗？

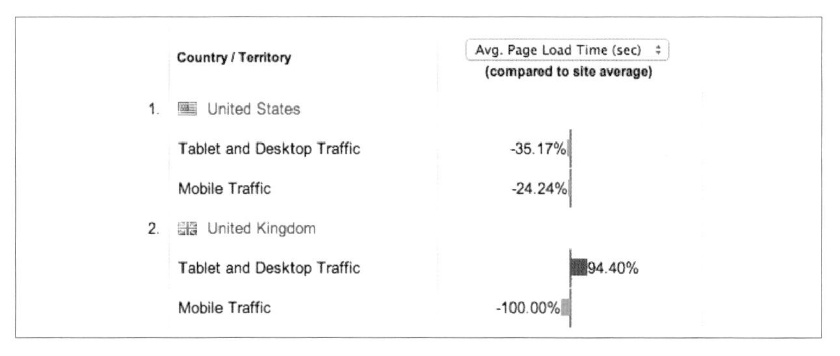

图 6-11：将真实用户监控数据分类分析，以找到性能优化切入点，同时更好地理解用户访问你的网站时的真实感受。在 Google Analytics 的这个截图中，可以看到在不同国家在不同设备上加载时间的差异

分开来看这些差异存在的原因，并找出解决这些问题的办法。真实用户监控工具的结果能帮助你更准确地把握所有用户在你网站上的真实体验，并帮助你排列性能优化和改进的优先级。

在用综合测试和真实用户监控工具测试网站性能之后，尽可能地进行性能优化，直到网站的用户体验稳定。保持网站性能长期稳定是一项挑战，所以，下一章会介绍在取得这些初步成果之后，如何持续监控网站性能以确保它保持快速。

6.4 持续改变

随着网站的成长，内容会逐渐增多，设计也在迭代。要对网站性能进行例行检查，以查看页面大小、总加载时间以及感知性能是否有明显变化，以及任何其他方面的变化。

你很可能不是网站唯一的工作人员，可能有其他设计者、开发者和内容编辑人员，他们对网站所做的改变可能会影响网站的加载顺序、文件大小、滚动卡顿等。通过设定网站性能基准并定期检查，就能找到性能方面任何意外的变化。首页突然因为新的图片幻灯效果而加载时间加倍？一个营销脚本是否已经加到网站的每个页面？一个博主突然上传了比实际所需大5倍的图片？确保定期检查你的主要页面并找出这些性能变化。图6-12中对比了一段时间内我的网站用户的平均加载时间。

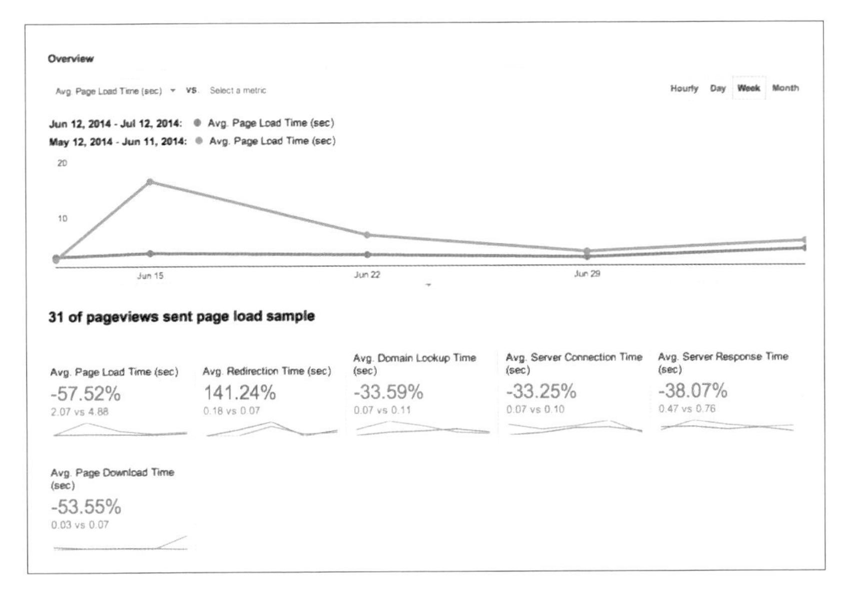

图 6-12：Google Analytics 让比较网站一段时间的加载平均时间变得很容易

也有可能随着时间并没有发生显著的变化，但是性能却在非常平缓地衰减。这些问题更难以定位和修复。对于更大、更复杂的网站，你可能会发现首字节响应时间增加，或者第 95 个百分位的加载时间越来越长。通过定期对性能进行基准测试，除了对比两周的数据，还可以对比两个季度的数据，这也有助于你让其他人警惕性能方面不太明显的变化。你和你的团队越关注性能，在应对网站增长的潜在问题时就越得心应手。

正如 3.3 节所介绍的那样，定期检查网站的图片。定期检查精灵图的洁净度、图片格式、图片压缩。确保新上传到网站的图片都会自动压缩并且在以正确的大小使用。同时，检查网站最重要的 5 个页面的大小，如果它们之中有任何显著地增加，找出其中的原因，然后解决这个问题或找出其他改进页面性能的切入点。如果有性能预算，可以经常用它来找出其他解决页面加载时间增长问题的方式（详见 7.3 节）。但所有这些工作都需要你定期检查网站的性能是否良好，并且以方便比较的方式长期记录归档。

有些公司用一个内部维基页面来手动跟踪性能变化，有些公司会使用来自性能监控工具等第三方的数据或 WebPagetest 的自托管选项数据创建仪表盘和警报。把性能指标及性能变化原因记录下来，你就能看出网站的哪些变化（重新设计、新广告或营销代码）对性能有巨大影响，以及哪些影响较小（比如内容或图片的小变化）。

> **Etsy 2014年一季度的网站性能报告**
> 在过去的 3 个月，总体上页面加载时间的中位数和第 95 个百分位的值均有些许增加，而首页的增量更多。我们正在首页上进行一些试验，其中有一项明显比其他项慢很多，这导致第 95 个百分位的值升高了。然而我们意识到这可能会使测试结果偏移，所以我们想要从试验中获得初步结果，然后再优化这项指标。

这种日志有助于教导你身边的人理解他们的工作对终端用户体验的影响，也有助于你维护自己权衡美感和性能的决定，我们将在第 7 章介绍这些。通过对每周的性能数据及变化原因进行基准比较，可以让你所在机构的每个人在日常的设计和开发流程中做出明智的决策。

竞争对手的页面加载时间也需要长期关注。可以的话，也要对他们的页面性能进行测试和基准比较。这样，你可以获得他们性能优势的数据，也可以帮助你了解他们在进行哪方面的用户体验优化。找到一个主要的性能变化并研究它：他们是否添加了新的营销追踪，是否使用了更好的大幅广告图，或者实现了指示新品牌的网络字体？这些数据有助于你向领导们证明网站性能的重要性。

持续关注性能是一份非常细致的工作，所以你应该尝试将这种数据收集工作自动化，并在发生重要变化时发出警告。用获取到的数据建立仪表盘并将其分享给你的同事。如果你有性能预算或者服务级别的性能指标协定，确保在你的图表中标示出来，以便可以看出有多大提升空间或者有多少工作要做。性能仪表盘对观察那些更难发现的性能衰减非常有帮助。

性能增益和衰减的自动警报也会为你节省大量的时间。如果一个主要页面的总加载时间每周都在增加，你应该以一种更便捷的方式知晓。给你发送一封邮件或一条警告信息，对比以前的性能基准和现在的性能基准，使其更容易分析出变化的确切时间。如果可能的话，可以在网站性能变化时给相关领域的负责人发送警报。也可以在性能增益时发送信息，在性能有重大提升时给相关负责人发送祝贺信息并感谢他们的辛苦工作。

一段时间之后，你会通过美感和性能两方面的优化影响页面加载时间。务必用 A/B 测试度量这些变化以及它们对你的业务指标的影响。你可以特意做一个性能改进，不然某项设计上的变化可能会对性能造成负面影响。A/B 测试对追踪这些非常有帮助！标记性能的变化，尤其是当你可以直接将它列为网站应有的工作时，会使你和同事在美感和性能方面做出明智的选择。下一章，我们会验证试验对整体用户体验的优化是多么重要，并会介绍一些在权衡设计和性能时可能遇到的挑战。

第 7 章

权衡美感与性能

网站的总体用户体验由以下多方面组成：外观与感觉、可访问性、信息架构、可用性，等等。性能只是总体用户体验的一部分。我们可以用性能改进网站的其他方面。如果减少了页面大小，可以让低带宽的用户更易访问。如果优化了感知性能，网站会让人感觉起来更好。

但是，为网站加速是需要付出代价的。它会占用你本打算用来优化其他用户体验的开发时间。你可能会为了优化性能而牺牲其他方面的用户体验（比如外观和感觉）。本章将全面介绍介入性能优化工作的时机，要付出什么代价，以及何时值得这么做。

7.1 找到平衡点

现在你知道浏览器如何请求、接收以及将内容呈现给用户。你理解不同格式图片的使用以及它们最合适的使用场景。你已经考虑过在 HTML 和 CSS 代码中设计模式的语义与其他用途，并且理解为关键路径调整加载顺序的重要性。你掌握了性能，现在是时候使用这些新技能了。

性能与美感息息相关，前端架构师与咨询师 Harry Roberts 提到："网站不在于看着有多漂亮，而在于运行得有多漂亮，给人感觉如何。如果一个晶莹剔透的界面需要 20 秒才能加载到用户设备上，那再漂亮也没有意义了，用户早就在看到它之前离开了。”

如果只需要简单地遵循相同的模式和指南，也许今天会有更多的人在做性能优化的事情。但不幸的是，要做好性能需要做出一些艰难的决定。有幸的是，掌握这些 Web 工作原理，有助于你为自己以及网站做出正确的选择。理解了 JPEG 格式压缩图片的方式，你就知道该如何选择图片的导出质量，甚至是否应该使用 JPEG 格式。理解了字符子集以及页面上的请求数量如何影响性能，你就可以决定一个页面使用多少种字号了。

有时，你的选择会偏向性能；有时，你的选择会偏向美感。关键在于用所掌握的所有信息为你和你的网站做出正确的决定。

在项目开始时，你会在一些艰难的选择间权衡，如表 7-1。

表7-1：美感与性能考量示例

问　题	美感考虑	性能考虑
可以在每个页面顶部放一张大图吗？	抓眼球，很好地代表品牌	这可能是一个相当大的文件，我们要尽可能减少页面大小
可以用 `@font-face` 做 3 个显示粗细和一个文本粗细吗？	排版灵活性高	要尽可能减少请求和页面大小
可以在首页放一个幻灯播放效果吗？	展示许多不同的内容	要尽可能减少请求和页面大小（尤其是用户可能根本看不到的内容）
如何演示产品的工作方式？	用视频或动态图	视频和动态图会非常大

每次的答案可能都不同，取决于当时的情况，比如使用的代码库、项目截止日期、团队成员以及他们的技能水平、网站的外观和感觉，等等。表 7-2 显示了权衡这些考虑之后所做的决定。

表7-2：网站决策示例

问　题	决　定
可以在每个页面顶部放一张大图吗？	当然，我们会确保图片不会使用太多颜色，并且会压缩得当
可以用 `@font-face` 做 3 个显示粗细和一个文本粗细吗？	我们会使用两个显示粗细并用系统字体呈现正文内容
可以在首页放一个幻灯播放效果吗？	不，不值得为此用户体验而增大请求和页面大小
如何演示产品的工作方式？	我们会自托管一个异步加载的视频

为客户 Fasetto 工作时，Roberts 和品牌设计师 Naomi Atkinson 艰难地在美感和性能之间取舍。有这样一个例子，他们想要展示 Fasetto 使用起来多么简单，并决定用 GIF 动画。但是，明知道 GIF（尤其是动画图）可能会很大，为什么还要用这种方案?

- Atkinson 擅长制作 GIF 动画。在做这个决定的时候，Roberts 和 Atkinson 意识到，他们既要考虑对工具的熟悉度和开发成本，又要权衡美感和性能。
- 用 CSS 动画取代 GIF 可能会增加 CSS 文件的大小，他们本来计划用一个请求获取 CSS 文件。Roberts 专注于网站的关键路径，并且想要让 GIF 在页面加载时渐进式加载，而不是作为关键路径的一部分。
- Atkinson 能够限制 GIF 所使用的色彩数，以发挥这种文件格式的压缩算法优势。她专注于在外观和文件大小之间寻求平衡。

最终 GIF 动画的大小只有不到 35 KB，异常值为 90 KB。Atkinson 和 Roberts 依靠他们在性能方面的知识做出了精明的设计决策，并且尽可能为客户提供了最好的用户体验。

你如果遇到下列选择，权衡一下：

- 性能差异
  - 会增减多少请求？
  - 会增减多少页面大小?
  - 会如何影响感知性能?
- 美感差异
  - 对品牌有何影响?
  - 对已有设计模式有何影响?
  - 对总体用户体验有何影响?
- 实现成本
  - 这种方案的可维护性如何？会使网站代码更简洁吗?
  - 目前的团队可以实现这种方案吗?
  - 需要花费多长时间?
  - 团队学习这种技术有收益吗？能否用到其他项目上?

在这么多不同的、有时甚至是对立的方案中找到一个折衷办法确实是个挑战。但是，现在你已经有了性能相关的知识，你可以用这些知识为终端用户做出好的方案选择。还有一些技术可以让你做选择时更加容易：将性能纳入日常工作流程以降低开发成本，所有新设计都用一个性能预算把关，并且持续地试验设计以了解你的设计方案是否符合预期。

7.2 将性能作为工作流程的一部分

降低性能优化工作成本的一个方法是，通过实现工具和定期进行性能基准测试，将其纳入日常工作流程。

本书中提到了很多可以纳入日常开发流程的工具。

- 当有新图片添加到网站时自动压缩。
- 使用图片大小调整服务并缓存，这样就不用手动为每个屏幕尺寸创建新图片。
- 在设计指南中说明复制粘贴的模块，以方便复用。
- 用浏览器插件检查页面大小和关键路径。

通过将性能工作纳入日常工作流程并尽可能将其自动化，你可以将这项工作的运作成本降到最低。你对工具的熟悉程度会提高，你养成的习惯会让你的优化工作更快，并且会有更多时间做新的事情，以及教其他人如何做好性能优化。

你的长期日常工作也应该包含性能。持续地对改进以及产生的性能增益进行基准测试，并将此作为项目周期的一部分，以便将来为性能工作维护成本。找出已有设计模式的其他使用方式并记录下来。随着用户的成长，现代浏览器技术也在发展；例行检查浏览器特有的样式、特殊处理以及其他过时的技术，看是否可以清理。所有这些工作会最小化性能工作的运作成本，并让你找到更多权衡美感和性能的办法。

7.3 基于性能预算尝试新设计

权衡美感和页面速度时做决策的一个关键是理解你有什么回旋空间。通过在早期建立性能预算，你可以在页面的一个区域牺牲性能而在另一个地方补上来。表 7-3 中列举了一些可量化的网站性能指标。

表7-3：性能预算的例子

指　标	最大值	工　具	说　明
页面总加载时间	2 秒	WebPagetest，3G 网络下运行 5 次的中值	所有页面
页面总加载时间	2 秒	真实用户监控工具，不同地区用户的中值	所有页面
页面总大小	800 KB	WebPagetest	所有页面
速度指数	1000	WebPagetest，使用杜勒斯地区 3G 网络下在 Chrome 中运行	除首页外的所有页面
速度指数	600	WebPagetest，使用杜勒斯地区 3G 网络下在 Chrome 中运行	首页

通过预先定义预算，你可以在某个区域偏向美感而在另一个区域偏向性能。这样一来，就不总是选择偏向页面速度；你有机会偏向复杂的图形，比如，如果你能在其他地方将网页速度追回，并不超出预算。你可以调用更多的字体，因为你可能通过移除一些图片请求弥补了性能。你可以协商砍掉一个营销追踪脚本以增加一个更好的大幅广告图。通过定期测量网站性能并对比目标，你会持续地找出平衡点。

要决定性能目标，可以先做竞品分析。看竞争对手的表现如何，并确保你的性能预算低于他们。你也可以将工业标准用到预算中：以 2 秒或者更低的页面总加载时间为目标，你知道这是用户期望的网站加载时间。

随着你越来越擅长优化性能以及工业标准的变化，性能预算也要随之变化。持续地推动你和你的团队把网站做得越来越快。如果你有一个响应式设计的网站，也要为不同的屏幕尺寸制定预算，如表 5-1 所介绍的那样。

性能目标应该总是可度量的。务必要详细记录优化目标、度量工具，以及其他度量的任何细节。可以参见第 6 章有关如何度量性能的介绍，让你团队中的每个人都了解这个预算，并用它来衡量他们的工作。

7.4　结合性能试验设计

做性能工作时，你所拥有的最重要的超能力是度量工作成效的能力。你可以度量一切：做这项改进花费了你多长时间？对网站跳出率有什么影响？

它是否值得牺牲美感？你是否可以一对一地对比两个选项，并且衡量哪个对用户更好（A/B 测试）？

通过度量来看你的决策是否达到预期效果。如果说有一件事是我通过多年A/B 测试所学到的，那就是我总是会有惊喜。作为已经了解用户基础的开发者和设计者，我们经常直接跳到结论，并假设我们知道什么对用户体验最好，而不是度量用户对我们方案的真实反应。如果你还没有开始试验，那是时候开始了。

在 A/B 测试中，你可以将一个网站页面的两个不同版本同时推送给不同的用户群。能看到测试的用户数量将决定你的网站需要运行多久。通过同时运行两个不同的版本并采集用户看到测试后的反应，可以了解到我们关于美感与性能的权衡方案对总体用户体验有什么影响。更多关于如何设置与运行试验的内容，可以参见关于 A/B 测试的入门教程（http://alistapart.com/article/a-primer-on-a-b-testing/）。

我已经被性能试验的结果惊到了。比如，有几次用户对字体的加粗作出了积极的反应，即便它降低了页面速度。但是，很多性能试验让我确信了页面速度对总体用户体验的重要性，比如当我们给页面增加 160 KB 的隐藏图片时，发现移动设备用户的跳出率增加了 12%。如果你要做一个艰难的设计决定，做个试验看看用户的真实反应。

“美感对决性能”心态经常会导致一种“设计者对决开发者”文化。但是开发者们不需要在一个井底做性能优化，设计者们也不用在一个孤岛上做设计优化。团队可以并且应该一起为一个共同的目标工作：绝佳的用户体验。Harry Roberts 与许多设计者和客户合作过，开发出了优化性能的漂亮网站，他说：“现在，你拥有的不是一个想要漂亮外观的设计团队，一个想要开发快速产品的工程团队，加上一个想要交付产品的产品经理，而是一个所有人都想迅速地做出又快又好看的产品的团队。”

要做出这些类型的决定总是需要人动脑的。不要持“对抗”心态，而要有“什么对用户最好”的心理。有时你会发现自己在忽略一个试验的结果，因为它对用户来说不是最好的。比如，如果一项性能提升导致用户的安全性变弱会如何？是否会经常发现一些网站为了增加收益而使用户体验变得糟糕（比如更容易一不小心就给你所有的联系人发垃圾邮件）？当一个试验的结果对你的业务指标更好时，考证一下以确保它同样对用户更好。

最终，绝佳的用户体验是我们奋斗的目标。Chris Zacharias 在他的博文“页面大小很重要”（http://blog.chriszacharias.com/page-weight-matters）中讲述了他在 YouTube 做开发者时的一个试验。视频播放页面大小攀升到了 1.2 MB，并伴随有大量请求，于是 Zacharias 决定就这个页面做一个功能较少但加载速度明显更快的原型版本。他发布了这个原型，取名为“羽翼”（Feather），作为一部分 YouTube 用户的可选体验。

结果就如 Zacharias 所说，是“困惑的”。采集到的这部分用户的加载时间增加了，即便页面小了很多。这是为什么呢？ Zacharias 写道：“所有人几乎无法使用 YouTube，因为用它看任何东西都要太长时间。在‘羽翼’下，尽管需要两分多钟才能看到视频的第一帧，但至少观众可以看视频了。上周，‘羽翼’这个词已经传遍了这个区域并导致用户数完全逆转。大量之前不能使用 YouTube 的用户突然都可以用了。”

这就是为什么要做性能优化，以及为什么要度量它。找出美感与性能之间的平衡需要考虑整个用户体验并测试，以确保你的直觉是正确的。但是，让整个组织都来参与这项工作是很艰难的。要让上级领导相信在这项工作上投入时间能同时给业务和终端用户带来好处是很难的。让一个设计和开发团队的其他人做这项工作也是很难的。下一章我们会介绍如何改变组织的文化来专注性能。

第8章 改变组织文化

创建和维护一流网站性能的最大障碍是组织文化。不论团队的规模和类型如何，培养、激励以及放权给你身边的人都是一项挑战。性能问题归根结底是组织文化问题，而不是简单的技术问题。

组织中的每个人都重视性能对用户体验的影响，这种情况是极少见的。通常，公司里有所谓的性能卫士，他们负责提升网站的速度。有时，公司会把基础设施团队资源投入到性能优化上。你的组织里一定有性能捍卫者（事实上，可能你就是其中一个！）。但是，把优化性能的责任放到一小部分人身上可能会使网站性能失控，特别是当网站成长、变化，以及由新人接手时。

认清一个问题什么时候需要用技术来解决，什么时候需要用文化来解决，以及什么时候两者都需要，这一点很重要。本书大部分章节介绍了性能的技术解决方案，但本章介绍的文化解决方案会帮助你利用好这些技术方案的影响并使之持续下去。

8.1 性能卫士

在公司文化中，性能优化经常由一个人发起。通过微调感知性能或页面总加载时间，你开始留意其他网站如何做优化以及改进用户体验。然后你开始用 WebPagetest 测试竞争对手网站的表现，并和你的网站性能进行比较。了解了很多容易在你的网站上实现的性能优化之后，你便开始事半功倍地进行优化了。

有些人经常以性能卫士的身份存在。在其他设计者和开发者做完工作后进行清理是这些人的例行杂务，有时他们自己把这当成义务，有时他们被分配去履行这些职责。不论怎样，这条路都是通向火坑的。

随着时光的流逝，即便是最稳定的网站也会遇到很多性能方面的挑战。

- 新的性能技术的出现，比如最近的 `picture` 的实现。
- 网站的硬件、品牌和代码的老化。
- 新招的设计者和 / 或开发者。
- 性能方面经验丰富的设计者和 / 或开发者离职。
- 浏览器持续发展。
- Web 标准的发展，比如 HTTP/2，根绝了一些现有的性能约束。

由一个专门的团队负责跟进这些发展很重要。一个性能捍卫者，或者一个性能捍卫者团队，是一个公司在 Web 变革时可以依赖的重器。但是维护高性能网站的责任不能只压在这些人的肩上。网站的每一个人都应该认同性能的重要性并明白如何改进性能。

如果塑造网站的其他设计者和开发者没有接受性能培训，他们如何做出用户体验方面最好的决策？他们如何能在美感与页面速度之间权衡？如果他们没有被委以优化之任，任何性能捍卫者很容易就会在别人工作之后进行清理。花你的时间去清理别人的工作（尤其是在能避免这种情况的时候）是一条通往火坑的不归路。

一个专门的性能团队应该聚焦在以下这些事上。

- 组织讲座、学习和研讨会来培训其他人性能相关的技能。
- 对其他团队中优化网站速度的设计者和开发者的出色工作进行褒奖。
- 创建工具，将性能数据渗入到其他人的日常工作流程中，帮助他们理解他们当前的工作是如何直接影响性能的。
- 确定性能的基本要求，比如给每个新项目的性能预算，或者网站页面加载时间的最大值。

- 了解新兴技术和优化性能的新方法。
- 公开交流网站性能的变化以及最近的试验和学习情况，如图 8-1 所示。

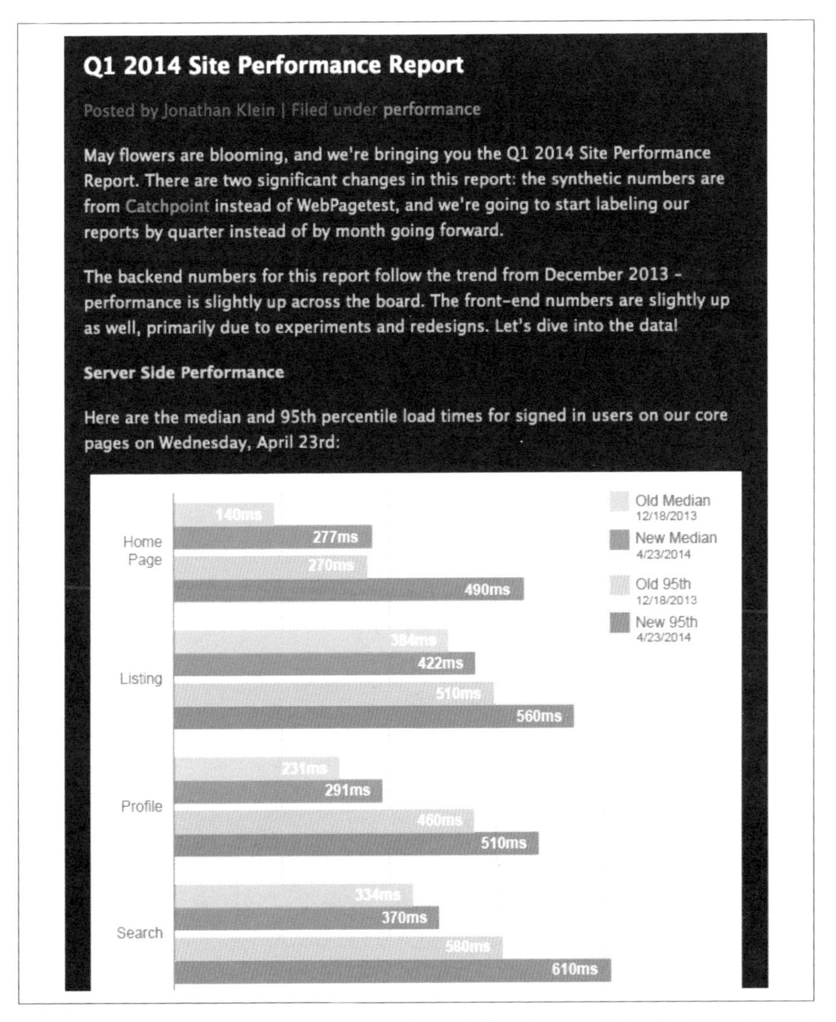

Q1 2014 Site Performance Report

Posted by Jonathan Klein | Filed under performance

May flowers are blooming, and we're bringing you the Q1 2014 Site Performance Report. There are two significant changes in this report: the synthetic numbers are from Catchpoint instead of WebPagetest, and we're going to start labeling our reports by quarter instead of by month going forward.

The backend numbers for this report follow the trend from December 2013 - performance is slightly up across the board. The front-end numbers are slightly up as well, primarily due to experiments and redesigns. Let's dive into the data!

Server Side Performance

Here are the median and 95th percentile load times for signed in users on our core pages on Wednesday, April 23rd:

图 8-1：Etsy 的性能报告详细说明了最重要的几个页面的加载时间，以及每个季度哪些变化影响了加载时间

拥有一个深度关切性能的个人或团队，对达到上述目的是很重要的。这些性能捍卫者们能高屋建瓴地在全站范围内处理性能问题，他们会聚焦问题

领域，寻找要改进的领域，并给建设网站的其他设计者和开发者提供建议。但是性能优化与维护工作需要由整个组织共同分担，而不是依赖个人或单个团队。

8.2 向上管理

页面速度是一个相对无形的问题。虽然很容易获得表征它的数字，但性能表现通常是靠感知的。总加载时间和帧率是不能告诉人们为什么他们需要做性能优化的；像这种无形的问题，通常需要一个组织中有领导地位的人支持。关心性能的公司高管会帮助你显著地塑造组织内的文化。

要向上强调性能的重要性，就要重点向他们展示性能在业务指标和终端用户体验方面的作用。先给他们看一些数字：对转化率的影响、总收益、用户回访率；然后让这些公司高管感觉到你的网站有多慢，并代入用户使用时的感觉。

8.2.1 对业务指标的影响

互联网上有大量演示性能对业务指标的影响的研究，第 1 章中讨论了一些。

- Akamai 报告称 75% 的网购用户在遭遇网站冻结、崩溃、加载时间过长或者复杂的付款过程等问题时，会离开那家购物网站。
- Gomez 公司研究了网购用户的行为（http://www.mcrinc.com/Documents/Newsletters/201110_why_web_performance_matters.pdf），发现 88% 的在线消费者不会回到他有过糟糕的体验的网站。该研究还发现，在流量高峰期，超过 75% 的网购用户会因为延迟而转向竞争对手的网站。
- 用户会返回更快的网站，Google 的一项研究已经证实了这一点（http://googleresearch.blogspot.com/2009/06/speed-matters.html），他们发现用户在一个较慢的网站上会减少搜索行为。
- Google 的广告产品 DoubleClick，移除了一个客户端跳转（http://doubleclickadvertisers.blogspot.com/2011/06/cranking-up-speed-of-dfa-leads-to.html）后，发现在移动设备上的点击率增加了 12%。

搞清楚你的上级领导对哪类数据感兴趣。是收入？是会员数量？还是社交媒体关注度？一旦你找出他们关心的指标，就把与那些指标相关的性能研究汇报给他们看。将相关指标（比如跳出率、点击率、回访用户数等）与收入以及公司高管们关心的其他指标关联。每个组织和它的高管们都有明确的业务驱动，你可以从这些研究中找到与之契合的点。

如果可能，在你自己的网站做个试验，将性能优化与高管们关心的指标关联起来，并附带分享一些其他公共研究。虽然像 Amazon 和 Google 这样的大网站可以做降速试验来估量网站速度变慢对其用户的影响，但你所在的单位可能不太希望你突发奇想要降低网站速度来看看影响效果。应将重点放在寻找高效快速的性能收益上，比如压缩图片或者实现更好的缓存。

做一次重大的改进并估量相关指标的影响。如果可能，控制改进的新版本做一次 A/B 测试来比较用户的行为。如果能把矛头指向转化率之类的收入相关指标，那是最好了；如若不然，聚焦到其他相关指标，比如跳出率和页面访问量。将新高性能版本中任何统计上的显著提升都关联到上级领导关心的指标上。比如，更低的流失率意味着更多用户选择了你，而不是竞争对手或者回到搜索引擎结果。

如果你不能做 A/B 测试，则在优化前后都估量一下相关指标。这不是特别精准，但将是你能给上级看的最佳案例。第 6 章中有更多关于估量性能优化影响的内容。把你做过的工作以及它们给业务指标带来的变化分享给高管们看，以便他们更好地理解性能工作的影响。

在优化性能的同时，也记录一下你做这些工作花费的时间。设计与开发耗时是一项业务成本，这在你说服高管们支持你的方案时需要提到。找出最快并且影响最大的可能收益，强调优化性能并不会耗费太多业务成本。将一定数量的资源与开发耗时转化成业务的收入增长，这将是你和高管们沟通时的最大筹码，并且当需要规模更大、更耗时的性能工作时，这会帮你继续获取支持。

与上级领导沟通时应该提及一些互联网的公开研究成果，一些你已经在你的网站上做过的研究，以及这些工作的业务成本。这种沟通方案的基础在于，理解哪些相关指标和业务要素是你的沟通对象最关心的。

8.2.2 体验网站速度

帮助上级领导理解网站用户的体验很关键。我们可以一整天谈论数据，但是要确定性能对用户的根本影响，就需要你聚焦在网站的用户体验了。要记住你公司的大部分人可能在用更新的设备、更快的网络连接访问网站，而且他们很可能与你的数据中心非常近。全球其他用户的体验如何呢？用户不用台式电脑访问时，体验如何呢？

用不同的地理位置和设备多次运行 WebPagetests 并对比结果。下面这个链接格式用来将所有结果汇集成一个单一的幻灯片视图，以方便对比：webpagetest.org/video/compare.php?tests=<Test 1 ID>,<Test 2 ID>...。

比如，在图 8-2 中，我对《赫芬顿邮报》网站运行了 3 次独立的测试，一个用台式电脑的 Chrome 浏览器，地理位置为弗吉尼亚；一个用 IE8 浏览器，地理位置为新加坡；还有一个用 Android 手机版 Chrome 浏览器，地理位置为弗吉尼亚。每个测试之间的总体数据差异很大，这也是移动和总体性能优化必要性的有力证明，幻灯片视图确实有助于我们感觉用户体验的不同。

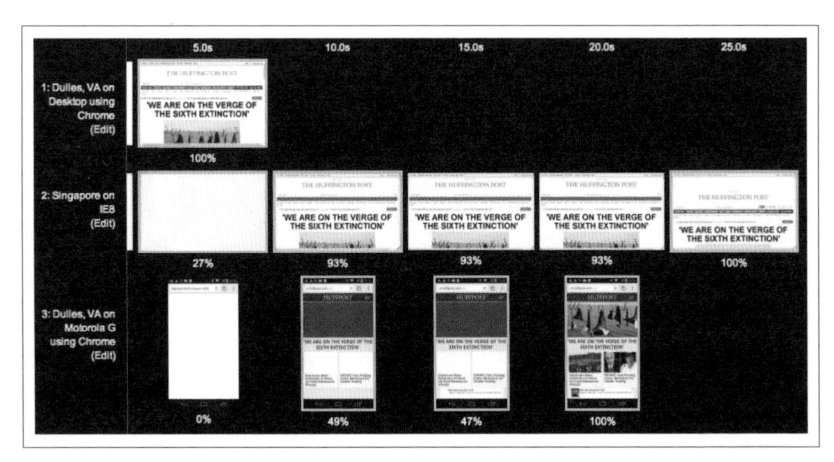

图 8-2：WebPagetest 提供了幻灯片视图和视频以便同时对比测试结果，这让我们更好地理解和感觉这些网站的性能

跟上级沟通的另一个角度是声誉。在说服上级领导性能应该是组织内的设计者和开发者的一项重要考量时，虽然收益影响是你可以使用的一项重要指标，但它不是你唯一的一个筹码。你的网站可能有竞争对手，他们的加

载时间如何？

WebPagetest 还允许在开始一个性能对比之前添加多个 URL（如图 8-3）。所有这些在 Visual Comparison 工具中进行的测试都会使用弗吉尼亚杜勒斯这个测试地址。

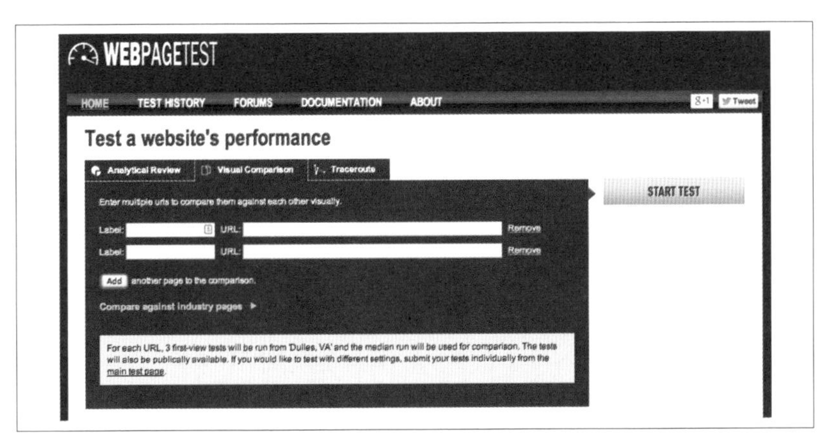

图 8-3：可以在 WebPagetest 中输入多个 URL 来比较它们的性能

一旦测试完成，WebPagetest 能展示一个体现每个页面加载过程的幻灯视图，如图 8-4 所示。甚至可以导出一份页面串联加载的视频，这非常有助于感觉网站加载速度的不同。我们可以完全避开数据，重点理解在相同时间内用户如何体验我们的网站和竞争对手的网站。

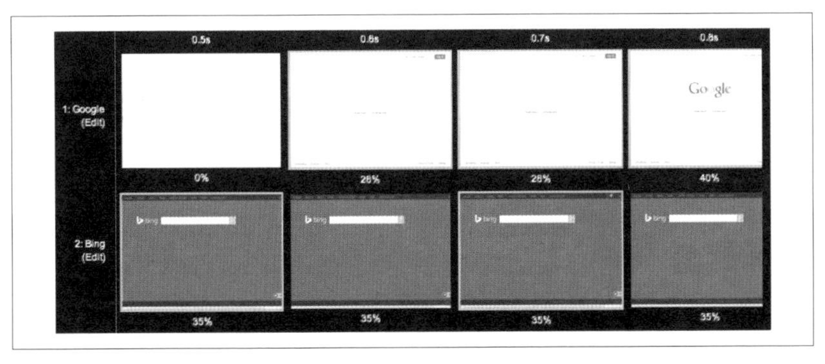

图 8-4：使用 WebPagetest 的幻灯片视图以及视频比较，以便更好地理解和比较不同网站的性能感觉

网页速度和用户体验不是秘密。你的任何竞争对手都可以测试你的网站，或者用性能工具运行网站看看它是如何加载的。提醒公司的高管们网站不仅被用户分析，也会被竞争对手分析！要确保你们比竞争对手做得好。

幻灯片视图和视频的另一个用处是比较网站性能优化前后的效果。测量这些优化对相关指标的影响是很重要的，将不同网站的加载过程用可视化的方式记录下来也很有帮助，尤其是当优化是针对感知性能而不是页面总加载时间时。

在与上级沟通的过程中使用这些工具，以便证明组织内的所有人都会对用户体验造成影响，并且应该将性能作为日常工作的一部分。要使一个网站让人感觉很快，每个能影响用户体验的人都需要在他们的日常工作流程中将性能放在第一位。

8.3 与其他设计者和开发者工作

培训和认可是激励与你共事的设计者和开发者重视性能的关键，你的职责在于不断地给他们提供所需的工具，以及向他们灌输性能对用户体验的影响。虽然再三强调低性能的负面影响确实能凸显性能的重要性，但在长期运作中支持和嘉奖对性能优化的贡献才是上策。帮助身边的人打造优异的用户体验，并让他们知道其所做工作的价值。

8.3.1 培训

有很多种方式可以帮助设计者和开发者聚焦于性能。提前考虑到语义和复用性，会为后面的设计和开发节省大量的时间。当代码更整洁，网站的设计模式很容易一次更新或复用时，编辑起来会更容易，也可以避免将来面对令人头疼的问题。

除了这些好处，你需要对公司内其他人员就他们的日常工作是如何影响性能的进行培训。非正式午餐会议、讲座和研讨会都是很好的交流方式，可以培训人们如何通过关注性能成为更优秀的设计师和开发者。 可以考虑从以下几方面进行培训：

- 在手机上的性能如何?
- 在设计阶段人们是如何影响性能的?
- 如何提高感知性能?

共享他人关于如何设计出色、高性能的用户体验的幻灯片和演示视频。培训应该是一个持续进行的工作;新员工不熟悉这些技巧,而老员工也可能因忙于其他工作而忘记了最佳实践。要定期进行午餐会议或其他非正式培训,告诉他们每个人如何对性能产生积极影响。

在公司中,制定可接受的页面加载时间的基准线。多慢是太慢?将可接受的页面加载时间阈值告诉每个人:"我们的目标是每个页面的总加载时间为1秒。"或者,评估网站中性能最佳的页面是哪些,它们加载得有多快,并将其作为整个网站的性能衡量标准。确保测量那些性能最差而访问量很高的页面,并建议整个团队聚焦该问题,以使这些页面尽可能地快。指南和衡量标准应该清晰且易于执行,这样成效和目标就会显而易见。

如果你可以对多数重要的网页进行自动测试来获得性能信息,那请这样做吧。当一个网页的性能变差时,确保其对团队可见,这样你可以搞清楚是什么改变导致了性能下降,并解决该问题。为性能恶化设置警报,并将其共享给其他设计师和开发者,使得在网站发展过程中每一个人都知晓。

为每一个新项目设定性能预算,确保每一位设计师和开发者都知晓其含义,并就这些数字及如何权衡美感和速度进行培训。在7.3节中可阅读更多关于性能预算的内容。为整个团队提供基准线指导和易于理解的(且易于测量的)指标,将有利于他们打造一流的用户体验。

8.3.2 认可

要让人们在日常工作流程中作出良好的决策,需要搞清楚如何展现有关他们当前工作的性能数据。在Etsy,我们有一个工具栏,每当Etsy的员工登录时就显现出来,如图8-5所示。设计师和开发者可以利用这个工具栏来理解他们所关注页面的信息。它包括访问流量数据,该页面上正在运行的试验列表,以及用来观看该页面移动版的工具。它还包括性能时间数据,并且在性能时间违反性能服务水平协议时会发出警报。

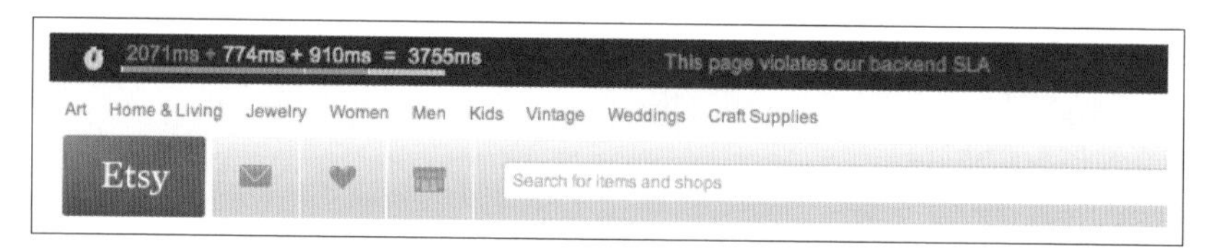

图 8-5：在 Etsy，我们为网站相关员工提供了一个工具栏。它可以直观显示性能时间数据，当页面出现性能问题时可以清晰地显示出来，这样设计师和开发者就可以看到该问题

以这种方式显示性能数据对设计师和开发者很有帮助，因为它可以不断提醒他们性能是用户体验的一部分。在设计师和开发者的工作中，要考虑用不同途径来定期强化他们这方面的知识，而不是等到网站建好之后再看看网站有多快。

定期分享该信息的另外一种方式是，当网站中出现任何性能退化时，自动发送邮件。性能退化时立即让员工知悉，这是能够让员工立即解决该问题的重要一步。让这种性能指标信息成为日常生活和工作流程中的一部分，这样它会让人感觉很自然，就像是做好工作的一部分。

一旦接受了培训，并且有了适当的工具，理解了网站性能及如何影响性能，员工就会感觉受到了激励，愿意去提升性能。但是要记得这是一个文化问题，不是技术问题；尽管有很多帮助人们提升网站速度的技术方案，你仍然需要做额外的工作来解决性能文化的社会问题。

改变组织文化的一种方式是，公布你为改善性能所作出的努力。在 Dyn 工作时，我发布了一篇文章，总结了我是如何完成一项艰巨的模板清理工作的，以及所带来的性能提升。它不仅有助于 Dyn 博客的读者进行学习，而且还将性能收获非常清晰地展现给了 Dyn 的员工。

当前端架构师和咨询师 Harry Roberts 完成客户的一大块性能工作后，他跟他们分享了一系列数据。“这些数据让他们非常兴奋，他们甚至开始自己进行测试。向他们提供一些这样的东西，会让他们参与其中。从那时起，他们像我一样关心数据并控制数据值。”Roberts 说道。

公布你的工作并庆祝成效，对很多设计师和开发者来说是巨大的激励。像我一样展示性能改进，如图 8-6，可以有力地促进公司文化的改变，同时能鼓励其他人积极地改善性能。

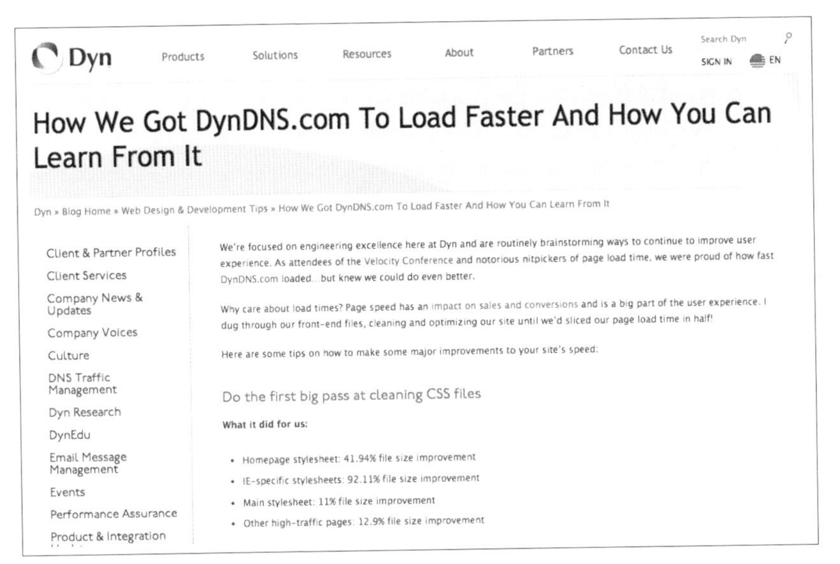

Dyn Products Solutions Resources About Partners Contact Us Search Dyn SIGN IN EN

How We Got DynDNS.com To Load Faster And How You Can Learn From It

Dyn » Blog Home » Web Design & Development Tips » How We Got DynDNS.com To Load Faster And How You Can Learn From It

Client & Partner Profiles
Client Services
Company News & Updates
Company Voices
Culture
DNS Traffic Management
Dyn Research
DynEdu
Email Message Management
Events
Performance Assurance
Product & Integration

We're focused on engineering excellence here at Dyn and are routinely brainstorming ways to continue to improve user experience. As attendees of the Velocity Conference and notorious nitpickers of page load time, we were proud of how fast DynDNS.com loaded...but knew we could do even better.

Why care about load times? Page speed has an impact on sales and conversions and is a big part of the user experience. I dug through our front-end files, cleaning and optimizing our site until we'd sliced our page load time in half!

Here are some tips on how to make some major improvements to your site's speed:

Do the first big pass at cleaning CSS files

What it did for us:

- Homepage stylesheet: 41.94% file size improvement
- IE-specific stylesheets: 92.11% file size improvement
- Main stylesheet: 11% file size improvement
- Other high-traffic pages: 12.9% file size improvement

图 8-6：完成 DynDNS.com 的模板清理工作后，我发布了一篇文章，总结了我是如何完成这项工作的，以及所获得的性能提升

在 Etsy，性能团队尝试了一个不同的公共策略来进行文化改变。2011 年，该团队发布了第一份性能报告，其中包括几个重要网页的加载时间概况，如图 8-7 所示。它包含了一些相当尴尬的指标，但是性能团队意识到，承认存在性能改进的机会很重要。他们发现网站速度不是一个秘密，任何人都可以测量它，而且这些数据很重要，Etsy 中的每个人都应该知晓，因为它们反映了网站的实际用户体验。

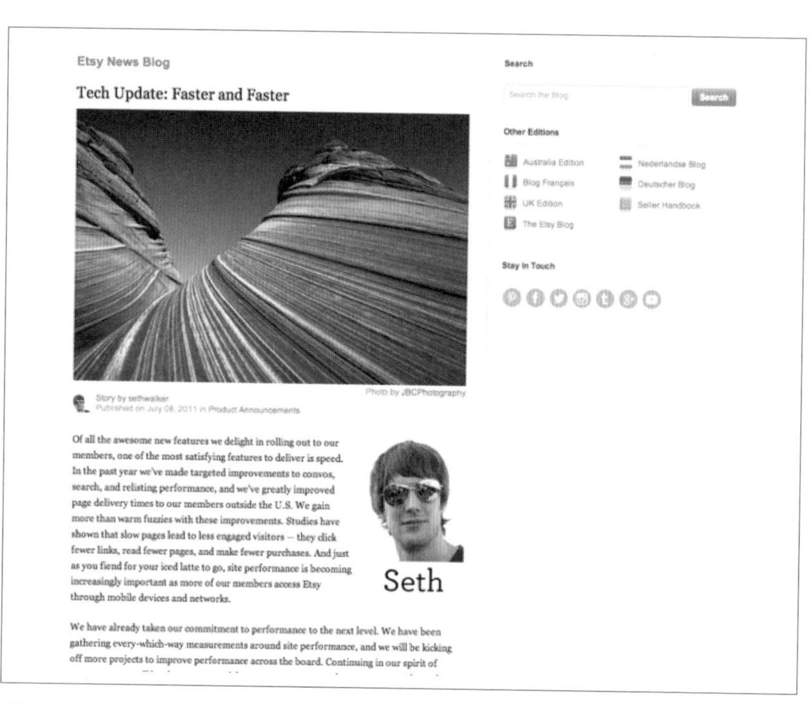

Etsy News Blog

Tech Update: Faster and Faster

Photo by JBCPhotography

Story by sethwalker
Published on July 08, 2011 in Product Announcements

Of all the awesome new features we delight in rolling out to our members, one of the most satisfying features to deliver is speed. In the past year we've made targeted improvements to convos, search, and relisting performance, and we've greatly improved page delivery times to our members outside the U.S. We gain more than warm fuzzies with these improvements. Studies have shown that slow pages lead to less engaged visitors -- they click fewer links, read fewer pages, and make fewer purchases. And just as you fiend for your iced latte to go, site performance is becoming increasingly important as more of our members access Etsy through mobile devices and networks.

Seth

We have already taken our commitment to performance to the next level. We have been gathering every-which-way measurements around site performance, and we will be kicking off more projects to improve performance across the board. Continuing in our spirit of

Search

Search the Blog

Search

Other Editions

Australia Edition

Blog Français

UK Edition

The Etsy Blog

Nederlandse Blog

Deutscher Blog

Seller Handbook

Stay In Touch

图 8-7：Etsy 在 2011 年发布了第一份性能报告，有意包含了一些尴尬的较长的页面加载时间

在发布第一份报告后，该团队中负责主页的人员发现他们的数据很糟糕。他们艰难地决定了网站功能及设计方式，并权衡了美感与速度，以便改进加载时间。在第二份性能报告发布时，主页的加载时间显著降低了，如图 8-8 所示。

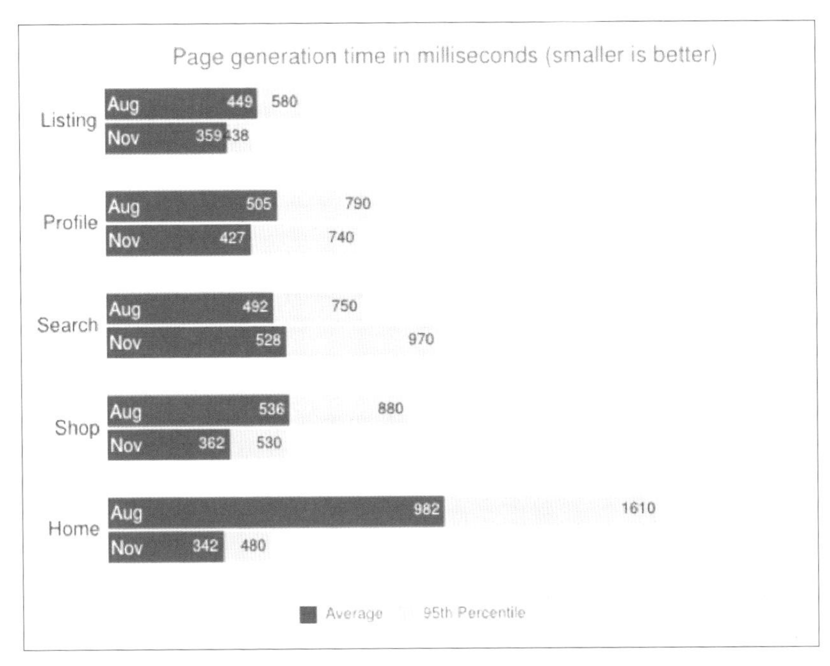

图 8-8：在第二份性能报告中，Etsy 主页的加载时间大幅下降

公开承认网站的性能情况会让人们更有责任感，也会令他们愿意帮忙。设计师和开发者通常愿意帮助完成普通的、积极的工作，而将该工作公开将有助于他们参与其中。

帮助快速启动文化改变工作的另一个途径是，让团队易于感受到性能提升工作所带来的成效。找到整个网站中所有唾手可得的果实，即很容易被另一位设计师或开发者完成的工作，把它们记录下来，加上标签或者建立一个列表，以便人们快速参考使用。下面列举了一些可共享的易获取的性能改进的示例。

- 清理并规范整个网站现有的按钮样式，记录下所有不同的按钮，以便人们一个一个地删除。
- 隔离样式表中那些可能不再需要的 CSS 块，并让人确认确实不再需要它们，然后把它们清理掉。
- 找到网站中使用的大图片，将它们列出来，以便工作人员将它们重新输出、压缩或者寻找其他方式来优化文件大小。

对于列表中的每一项，尽可能详细地说明需要做的改进，以便工作人员可以快速着手解决。每一项的工作量要小一些，几个小时就可以完成。如果一个解决方案要花费不止几个小时的时间，让设计师或开发者将过程简单记录下来，以便将来另外一个工作人员可以接手。对于其他设计师和工作者来说，应该可以很直观和简单地开始性能优化工作。

当别人致力于改进网站的整体性能时，你可以做的最重要的事情就是祝贺他们的工作。为每一点滴的性能改进感谢贡献者，并在公司内部将他们的工作公开，如图 8-9 所示。

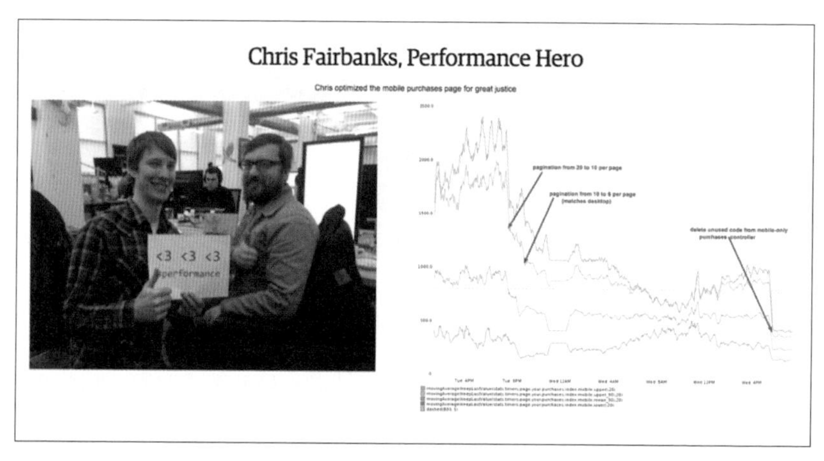

图 8-9：Etsy 的性能团队通过一个仪表盘来表扬其他团队中为提升性能作出贡献的员工。我们给出了他们的照片、一幅显示性能改进的图，以及解决方案的简短描述

在 Etsy，我们维护着一个内部仪表盘，通过它来表扬"性能英雄"：其他团队中为解决和提升网站页面加载时间和感知性能作出贡献的人。我们会定期更新它，来展示同事们的创意工作、阐明性能改进的相关图像，以及他们所采取的解决方案的说明。我们还会给 Etsy 的其他设计师和开发者发送邮件，告诉他们我们已经更新了仪表盘，这样每个人都可以祝贺改善网站性能的员工。

提升性能确实是每个人的责任。任何影响网站用户体验的人都与网站性能相关联。尽管你单枪匹马地建立并维护一个相当快速的用户体验是可能的，但是当别的工作人员接触网站并作出改变时，或者随着网站的持续发展，你会不断地进行艰苦战斗。培训并认可你周围的每一个人，让他们理解如何改进性能，以及他们的选择如何影响终端用户体验。性能确实是文化改革问题，不是技术问题；在组织内培养性能卫士，以便为网站创建最佳的用户体验。

Web 性能工作既富有意义又充满挑战。你有能力为用户创建非凡的体验。找到那些性能提升点，不管是实现新的缓存规则、优化图像还是创建可复用的设计模式。激励同事们成为性能卫士。尽量打造最佳用户体验，实现美感与速度的平衡。关注性能，每个人都将获益。

作者介绍

Lara Callender Hogan 是 Etsy 性能团队的高级工程经理，曾管理过 Etsy 的移动 Web 工程团队。在加入 Etsy 之前，Lara 是一名用户体验经理，也是一名自学成才的前端开发人员，曾在多家创业公司任职。她有紧急医疗救护技术员（EMT）认证，有自己的摄影事业，同时还是一个 LGBT 婚恋网站的联合创始人。她还认为用甜甜圈来庆祝职业成就很重要。

封面介绍

本书封面上的动物是一只冠头蜂鸟（簇冠蜂鸟），一种繁殖于委内瑞拉东部、特立尼达、圭亚那地区和巴西北部的小蜂鸟。

这种鸟也叫作缨冠蜂鸟，体型非常小巧，以至于在花丛间飞舞时很容易被误认成一只大蜜蜂。其红喙有一个黑色的尖，短而直。雌鸟没有光鲜亮丽的羽毛，但是雄鸟有着醒目的橙色羽毛，上有黑色斑点，从颈侧和橙色的头冠外延。

蜂鸟通常独栖，所以它们在寻找花蜜或捕捉昆虫为食时，经常形单影只或三两成队。

O'Reilly 书籍封面上的很多动物都濒临灭绝。它们对这个世界都很重要。想了解更多关于如何帮助它们的信息，可以访问 animals.oreilly.com。

封面图片选自 *Wood's Natural History*。

站在巨人的肩上

Standing on Shoulders of Giants

TURING

图灵教育

iTuring.cn

站在巨人的肩上
Standing on Shoulders of Giants
TURING
图灵教育
iTuring.cn